MIX
Papier aus verantwortungsvollen Quellen
Paper from responsible sources
FSC® C105338

Matthias Breuer

Revolution im Radtourismus durch E-Bikes

Ausweitung des Aktionsraumes in Mittel- und Hochgebirge

disserta
Verlag

Breuer, Matthias: Revolution im Radtourismus durch E-Bikes: Ausweitung des Aktionsraumes in Mittel- und Hochgebirge, Hamburg, disserta Verlag, 2014

Buch-ISBN: 978-3-95425-270-1
PDF-eBook-ISBN: 978-3-95425-271-8
Druck/Herstellung: disserta Verlag, Hamburg, 2014
Covermotiv: © Matthias Breuer

Bibliografische Information der Deutschen Nationalbibliothek:
Die Deutsche Nationalbibliothek verzeichnet diese Publikation in der Deutschen Nationalbibliografie; detaillierte bibliografische Daten sind im Internet über http://dnb.d-nb.de abrufbar.

Das Werk einschließlich aller seiner Teile ist urheberrechtlich geschützt. Jede Verwertung außerhalb der Grenzen des Urheberrechtsgesetzes ist ohne Zustimmung des Verlages unzulässig und strafbar. Dies gilt insbesondere für Vervielfältigungen, Übersetzungen, Mikroverfilmungen und die Einspeicherung und Bearbeitung in elektronischen Systemen.

Die Wiedergabe von Gebrauchsnamen, Handelsnamen, Warenbezeichnungen usw. in diesem Werk berechtigt auch ohne besondere Kennzeichnung nicht zu der Annahme, dass solche Namen im Sinne der Warenzeichen- und Markenschutz-Gesetzgebung als frei zu betrachten wären und daher von jedermann benutzt werden dürften.

Die Informationen in diesem Werk wurden mit Sorgfalt erarbeitet. Dennoch können Fehler nicht vollständig ausgeschlossen werden und die Diplomica Verlag GmbH, die Autoren oder Übersetzer übernehmen keine juristische Verantwortung oder irgendeine Haftung für evtl. verbliebene fehlerhafte Angaben und deren Folgen.

Alle Rechte vorbehalten

© disserta Verlag, Imprint der Diplomica Verlag GmbH
Hermannstal 119k, 22119 Hamburg
http://www.disserta-verlag.de, Hamburg 2014
Printed in Germany

Danksagung

Mein aufrichtiger Dank gilt Herrn Prof. Ernst Steinicke für die wissenschaftliche Betreuung meiner Studie, für die engagierte Unterstützung und für die Zeit, die er sich für lange, hilfreiche Gespräche genommen hat. Ich bedanke mich ebenfalls bei Herrn Ernst Miglbauer, der mir tiefere Einblicke in das Themenfeld gewährte, wichtige Kontakte vermittelte und mir durch konstruktive Anregungen weiterhalf. Vielen Dank auch an Klaus Drubba für sein Engagement, welches mir einige Türen im Südschwarzwald öffnete und an Ede für die fruchtbaren Diskussionen.

Ein besonderer Dank gilt Margaritha, Kai, Fabian, David, Rita und Heinrich – den engagierten Korrekturlesern meiner Arbeit und Kirsikka für die aufmunternden Worte, wenn die Motivation mal auf der Strecke blieb. Schließlich möchte ich mich bei meiner gesamten Familie bedanken, die mich während meines ganzen Studiums stets unterstützt hat.

Zum Schluss ein großer Dank allen, die mich in den letzten Monaten immer wieder fragten: *„Wann bist du denn eigentlich endlich mal fertig?"*

Abstract

This study analyses the spatial expansion in bicycle tourism due to the innovation of electric bicycles (e-bikes) in German-speaking countries. Until recently cycling destinations were mainly limited to flatter regions. This study's objective is to evaluate whether the advent of electric bicycles expands the spatial potential for (electric) cycle tourism in any topographic setting. By means of an online survey of e-bike rental companies and expert interviews with the regional project coordinators, this study compares supply and demand of three sample destinations with different landscape types: the Tauber River valley region and the southern Black Forest Mittelgebirge in Germany as well as the Schladming-Dachstein alpine region in Austria. The results show that most tourists used the e-bike offers spontaneously and chose the destination by other motivations. However, the study also shows that many of these tourists would not consider a bike tour on a normal bicycle. Thus, for many tourists e-bikes hold the potential to extend the radius of the actively usable tourist areas in mountainous destinations. Although all sample regions record a slowly growing demand of e-bike users, the outcome did not quite meet most tourism service provider's expectations. Therefore, it is concluded that unless mountainous destinations intensively commit themselves to (e-)bike tourism, this innovation will not bring a revolutionary change in the spatial diffusion of cycling destinations. Most e-bike offers will likely remain a supplementary service; however, it is premature to form definitive conclusions at this early stage.

Furthermore, another online-sample of 139 e-bike tourists shows a shift of the favoured landscape types from almost exclusively flat cycle destinations towards the windy coasts, the low mountain ranges and (at a lower level) alpine destinations.

Inhaltsverzeichnis

Abkürzungsverzeichnis 11

Abbildungsverzeichnis 11

Tabellenverzeichnis 12

Diagrammverzeichnis 12

Verzeichnis der Anlagen im Anhang 13

1 Einleitung **17**

1.1 Einführung in die Thematik 17

1.2 Forschungsstand 19

1.3 Fragestellung und Thesen 20

1.4 Allgemeine Methodik 22

1.5 Aufbau der Arbeit 24

2 Theoretischer Teil **25**

2.1 Diffusion der Innovation E-Bike im Tourismussektor 25

    2.1.1 Geographische Innovations- und Diffusionsforschung 25

    2.1.2 Einordnung in die eigene Thematik 32

2.2 Fahrradtouristische Grundlagen 34

    2.2.1 Entwicklung des Fahrradtourismus 35

    2.2.2 Typisierung von Fahrradfahrern 37

    2.2.3 Bewertungskonzept für den Schwierigkeitsgrad von Radwegen 40

    2.2.4 Destinationswahl 41

2.3 Das Elektrofahrrad und dessen Nutzung im Alltag 44

    2.3.1 Begrifflichkeiten 46

    2.3.2 Reichweite 48

    2.3.3 Marktsituation von Elektrofahrrädern 49

    2.3.4 Motive für die Benutzung eines E-Bikes 51

    2.3.5 Nutzungsgelegenheit 53

    2.3.6 Soziodemographisches Profil von E-Bike-Nutzern 54

2.4 Das E-Bike in der Tourismuswirtschaft 55
2.4.1   Nutzen und Ziele von Elektrofahrrädern für Tourismusdestinationen 57
2.4.2   Touristische E-Bike-Infrastruktur 58
2.4.3   Die touristische Nachfrage 63
2.4.4   Motive für die touristische E-Bike-Nutzung 64
2.4.5   Typologisierung von E-Bike-Touristen 66
2.4.6   Soziodemographische Merkmale von E-Bike-Touristen 67
2.4.7   Destinationswahl 68

3   Empirischer Teil 70
3.1 Die Untersuchungsgebiete 70
3.1.1   Liebliches Taubertal 71
3.1.2   Naturpark Südschwarzwald 75
3.1.3   Dachstein-Region 83
3.1.4   Die Untersuchungsgebiete im Vergleich 87
3.2 Konzeption und Methodik 90
3.2.1   Auswahl der Erhebungsmethoden 90
3.2.2   Online-Befragung: E-Bike-Verleiher 91
3.2.3   Experteninterviews 93
3.2.4   Online-Befragung: E-Bike-Urlauber 94
3.2.5   Teilnehmende Beobachtung 96
3.3 Ergebnisse 96
3.3.1   Online-Befragung der E-Bike-Verleiher 96
3.3.2   Experteninterviews 111
3.3.3   Online-Befragung von E-Bike-Urlaubern 114
3.4 Methodenkritik 119

4   Synthese 122

Zusammenfassung 134

Quellenverzeichnis 136

Anhang 147

Abkürzungsverzeichnis

adfc	Allgemeiner Deutscher Fahrrad Club
AUE	Amt für Umwelt und Energie [Deutschland]
BfN	Bundesamt für Naturschutz [Deutschland]
BMWi	Bundesministerium für Wirtschaft und Energie [Deutschland]
DTV	Deutscher Tourismusverband
ETI	Europäisches Tourismus Institut
ETRA	European Twowheel Retailers' Association
hm	Höhenmeter
HQ	Höhenmeterquotient
IKAÖ	Interfakultäre Koordinationsstelle für Allgemeine Ökologie [Uni Bern]
LfU	Landesamt für Umwelt, Messungen und Naturschutz [Baden-Württemberg]
MTB	Mountainbike
ÖPNV	Öffentlicher Personennahverkehr
VCD	Verkehrsclub Deutschland
WKÖ	Wirtschaftskammer Österreich
ZIV	Zweirad-Industrie-Verband

Abbildungsverzeichnis

Abbildung 1: Adopterkategorien nach Rogers 28
Abbildung 2: Diffusionskurve und Adopterkategorien nach Rogers 29
Abbildung 3: Hierarchischer Diffusionsprozess 30
Abbildung 4: Typisierung von Radfahrern 39
Abbildung 5: Bevorzugte Landschaftstypen während einer mehrtägigen Fahrradtour ... 42
Abbildung 6: Das Elektrofahrrad: Frühes Patent und serienreifes Produkt 44
Abbildung 7: *movelo*-Regionen 2013 63
Abbildung 8: Die Untersuchungsgebiete in Süddeutschland und Österreich 71
Abbildung 9: Übersichtskarte Taubertal 72
Abbildung 10: Regiotouren im Lieblichen Taubertal 74
Abbildung 11: Relief und Abgrenzungen Naturpark Südschwarzwald 76
Abbildung 12: Hinweistäfelchen und Profil Südschwarzwald Radweg 78

Abbildung 13: Hinweistäfelchen und Profil Seenradweg Hochschwarzwald 81
Abbildung 14: Sommerpanorama der Dachstein-Region 83
Abbildung 15: Verleih- und Akkuwechselstationen am Dachstein 86

Tabellenverzeichnis

Tabelle 1: Radfahrertypologien 38
Tabelle 2: *Eurobike-Systemstandard©* Radwanderwegeskala 41
Tabelle 3: Fahrradtouristische Relevanz des Landschaftstyps bei Radausflügen 43
Tabelle 4: Die Destinationen im Vergleich: E-Bike-Infrastruktur 88
Tabelle 5: Rücklauf der Online Umfrage „*E-Bike-Verleiher*" 92
Tabelle 6: Die Destinationen im Vergleich: Zielsetzungen und Erfahrungswerte 113

Diagrammverzeichnis

Diagramm 1: Synonyme für den Begriff "E-Bike" 46
Diagramm 2: Marktentwicklung von E-Bikes 50
Diagramm 3: Kauf- und Nutzungsmotive von Elektrofahrrädern in Online-Beiträgen .. 53
Diagramm 4: Veränderung des Fahrverhaltens durch E-Bikes 65
Diagramm 5: Radurlauber und E-Bike-Urlauber in Deutschland 2010 67
Diagramm 6: Durchschnittliche Parameter der E-Bike-Touren im Südschwarzwald 82
Diagramm 7: Höhenquotienten und Schwierigkeitsgrade der E-Bike-Touren 89
Diagramm 8: Regionale Verteilung und Seehöhe der E-Bike-Verleihbetriebe 97
Diagramm 9: Zusätzliche Angebote der Elektrofahrrad-Verleihbetriebe 98
Diagramm 10: Altersgruppenverteilung der E-Bike-Urlauber 99
Diagramm 11: Ausleihdauer von E-Bikes 100
Diagramm 12: Streckenempfehlung 102
Diagramm 13: Streckenwahl der E-Bike-Touristen 102
Diagramm 14: Streckentypen 103
Diagramm 15: Zurückgelegte Streckenlängen von E-Bike-Touristen 104
Diagramm 16: Zurückgelegte Streckenlängen im Vergleich: E-Bike vs. Fahrrad 105
Diagramm 17: Akku-Reichweite 106

Diagramm 18: Stellenwert der E-Bike-Nutzung 107
Diagramm 19: Anreisemotiv 107
Diagramm 20: Auslastung der E-Bikes 108
Diagramm 21: Persönlicher Profit vom E-Bike Boom 109
Diagramm 22: Veränderung des regionalen Radtourismus durch E-Bikes 110
Diagramm 23: Dauer der bereits durchgeführten E-Bike-Touren 114
Diagramm 24: Stellenwert der letzten E-Bike-Tour 115
Diagramm 25: Destinationswahl nach Landschaftstyp 116
Diagramm 26: Destinationswahl der nächsten E-Bike-Reise 117
Diagramm 27: E-Bike-Infrastruktur 118
Diagramm 28: Genutzte Elektrofahrradtypen 119

Verzeichnis der Anlagen im Anhang

Anlage 1: Handlungsempfehlungen für Tourismusdestinationen 147
Anlage 2: Überblick über die Elektrofahrradkategorien in Deutschland 149
Anlage 3: E-Bikes der Marke Flyer am Titisee, Südschwarzwald 149
Anlage 4: E-Bikefahren am Hohen Dachstein 150
Anlage 5: Fragebogen für E-Bike-Verleiher 151
Anlage 6: Fragebogen für E-Bike-Urlauber 156
Anlage 7: E-Bike-Routen in der Dachstein-Region 159

Anmerkungen des Verfassers

In vorliegender Arbeit werden zum Wohle einer flüssigeren Lesbarkeit geschlechtsspezifische Bezeichnungen im Sinne des generischen Maskulinums verwendet. Sofern aus dem Kontext nicht das Gegenteil hervorgeht, sind mit Bezeichnungen wie Radfahrern, Nutzern, Mountainbikern stets geschlechtsneutrale linguistische Termini gemeint und werden beiden Geschlechtern zugeordnet.

Die Begriffe E-Bike und Elektrofahrrad werden in dieser Arbeit synonym verwendet und stehen allgemein für jegliche Art von Fahrrad mit elektrischem Hilfsmotor.

1 Einleitung

1.1 Einführung in die Thematik

Das *Zukunftsinstitut*, als einer der einflussreichsten Think-Tanks der europäischen Trend- und Zukunftsforschung, listet zur Zeit elf Megatrends auf. Als Megatrend werden Trends mit einer vermuteten Dauer von 30 Jahren oder mehr bezeichnet, deren „Impact" große Bereiche des sozialen Lebens und der Wirtschaft verändert (ZUKUNFTSINSTITUT, 2013). In der Schnittmenge der drei Megatrends *Neo-Ökologie*, *Gesundheit* und *Mobilität* findet sich die „Innovation Elektrofahrrad" wieder. Die vorliegende Studie soll die Auswirkungen der Elektrofahrräder auf den Fahrradtourismus herausarbeiten. Im Mittelpunkt steht die Frage, inwiefern diese Innovation durch ihre zusätzliche elektrische Antriebskraft neue fahrradtouristische Aktionsräume erschließt, welche zuvor vom Fahrradtourismus weitgehend unberührt blieben.

Elektromobilität ist von einem reinen Forschungsfeld in unsere Alltagspraxis vorgedrungen. Im Gegensatz zu Elektroautos, sieht man Elektrofahrräder immer mehr auf unseren Straßen und Wegen. Vor wenigen Jahren wurden E-Bikes noch als „Rentnermobil" belächelt. Durch die stetige Weiterentwicklung von Akkus, Antriebstechnik und Design erschlossen sich die Hersteller weitere Kundengruppen. Heute sind Elektrofahrräder ebenfalls bei jungen, technikbegeisterten Menschen, Berufspendlern, Einkaufsradlern und jungen Familien beliebt (EFFERT, 2012, S. 14). Allein zwischen 2009 und 2011 hat sich die Anzahl derjenigen, welche am Thema Elektrofahrrad interessiert sind auf 47 % verdoppelt (SINUS, 2011, S. 70). In diesem dynamischen Markt entstehen kontinuierlich neue Produkte und Angebote. Die Fahrradbranche spricht vom „Elektro-Boom". Innovative Unternehmen kaufen vermehrt E-Bikes für ihre Firmenflotte und tragen so ebenfalls zu einem „jüngeren" Image von Elektrofahrrädern bei. Auch Städte, Kommunen und Regionen reagieren nun auf diesen Trend. Großstädte wie Aachen oder Stuttgart betreiben eigene E-Bike-Verleihstationen.

Viele sehen im Elektrofahrrad eine umweltschonende, nachhaltige und kostengünstige Alternative zum Auto. Der Trend, bis ins hohe Alter mobil und leistungsfähig zu sein bringt zusammen mit dem demographischen Wandel einen weiteren Anschub der Verbreitung von E-Bikes (vgl. EFFERT, 2012, S. 14).

Dieser in allen Medien präsente Trend, wurde auch von der Tourismusbranche erkannt. Nach und nach entdecken Regionen das Potenzial der Elektrofahrräder um ihren Tourismus nachhaltig weiterzuentwickeln. Sie verleihen E-Bikes, entwerfen spezielle E-Bike-Routen und schaffen Ladestationen, an welchen E-Bike-Fahrer ihre Akkus laden können (ETRA, 2010, S. 13).

Da die Mehrheit der Fahrradfahrer jedoch ein weitestgehend flaches Gelände bevorzugt *(siehe Abb. 5)*, stellt die Topographie einer Region den bedeutsamsten natürlichen Faktor für die Destinationswahl dar. Aus diesem Grund befinden sich die von Radfahrern hochfrequentierten Zielgebiete mehrheitlich in ebenen Landschaftstypen. Besonders beliebt sind Fahrradregionen entlang von Gewässern, da dort ein „genussvolles" Radeln ohne größere Steigungen und ohne Orientierungshürden möglich ist (BMWI, 2009, S. 59). Durch die Innovation E-Bike allerdings, versuchen nun auch jene Destinationen Radtouristen anzulocken, die bisher – aufgrund ihrer topografischen Gegebenheiten – für diese eher unattraktiv waren. Die entsprechenden Werbetexte suggerieren, dass die „natürlichen Feinde des Radfahrers" – Steigungen und Gegenwind (BMWI, 2009, S. 59) – durch die Nutzung eines E-Bikes obsolet werden.

„Mit eigener Kraft, unterstützt durch die ausgeklügelte Technik eines Pedelecs[1] können nun auch bergige Etappen geradezu spielend zurückgelegt werden. Dank Elektromotor – dieser schaltet sich per Knopfdruck hinzu, wenn man ganz normal in die Pedale tritt – [...] wird jede steile Bergstraße zum topfebenen Terrain, jeglicher Gegenwind zum lauen Lüftchen"
(SCHLADMING-DACHSTEIN, 2012).

Besucht man aktuelle Tourismusmessen *(siehe Kap. 1.4)*, fällt auf, dass heute bereits die große Mehrheit der Destinationen –unabhängig von ihrer Topographie – Elektrofahrräder in ihr touristisches Angebot im Aktivsegment einbinden. Viele Zielgebiete präsentieren sich sogar als „E-Bike-Region". Es scheint daher richtig von einem Wandel im Radtourismus zu sprechen.

---

[1] Spezieller Elektrofahrrad-Typus (siehe Kap. 0)

1.2 Forschungsstand

Die Studien zum Thema „E-Bike" konzentrieren sich bisher auf nachfrageseitige Aspekte. Sie untersuchen die Akzeptanz und Veränderung der Alltagsmobilität durch Elektrofahrräder, evaluieren deren Marktsituation oder beschäftigen sich mit technischen Fragestellungen zum neuen Fahrradtyp. Hierbei fällt auf, dass überproportional viele schweizerische und niederländische Studien existieren. Aufgrund der noch sehr jungen Existenz des Phänomens „E-Bike-Tourismus" findet dieses Forschungsfeld erst in jüngster Zeit mehr Beachtung. Bisher beschränken sich die Forschungsergebnisse jedoch auf regionale Einzelstudien oder liegen gebündelt, ohne regionale Auflösung, auf nationaler Ebene vor.

PUSSAK & SCHULDT (2009) zeigen in einer Evaluation des E-Bike-Projekts im Hochschwarzwald, dass die Akzeptanz hoch ist, der Erfolg jedoch noch begrenzt ist. Die schwierigste Hürde sei der Schritt zur erstmaligen Nutzung, denn wer einmal E-Bike gefahren sei, sei von den Vorteilen überzeugt. Ein beginnender Imagewandel führe dazu, dass die Zielgruppe sich auch auf junge und sportliche Menschen erweitere.

Die unveröffentlichten Marktstudien „Radreisen der Deutschen" des Kölner Marktforschungs- und Beratungsunternehmens TRENDSCOPE (2010; 2012c), liefern erste repräsentative Daten zu soziodemographischen Merkmalen und dem Reiseverhalten von E-Bike-Touristen in Deutschland. Ein weiterer unveröffentlichter TRENDSCOPE-Bericht (2012a) gibt Auskunft über die von Elektro-Mountainbikefahrern bevorzugten Wegearten und Landschaftstypen.

ZASTROW (2011) kann am Beispiel der Destination Rügen zeigen, dass das Elektrofahrrad grundsätzlich großes Potenzial auf dem Freizeitmarkt birgt, auch wenn in der derzeitigen Anfangsphase das E-Bike-Angebot nur als Ergänzung des Kerngeschäfts zu betrachten sei, welches Stammgästen sowie Erstbesuchern ein attraktives Zusatzangebot biete. Ein Hindernis bestehe in subjektiven Vorurteilen seitens der potenziellen Nutzer. Aus diesem Grund reiche für den weiteren Erfolg ein reines Bereitstellen der Elektrofahrräder nicht aus und verlange erhöhten Handlungsbedarf in Marketing und Kommunikation. Diese dürfe nicht nur von Seiten der koordinierenden Tourismusorganisation, sondern müsse auch durch hohe Eigeninitiative der E-Bike-Verleihstationen erfolgen.

MIGLBAUER (2011) erarbeitet zunächst die Voraussetzungen für E-Bike-Konzepte und trägt in einem Lehrbuch über Radtourismus (vgl. DREYER, MIGLBAUER & MÜHLNICKEL, 2012, S. 25-31) allgemeine, vor allem qualitative Erkenntnisse zum neuen Trend E-Bike-Tourismus zusammen. Als Erster vergleicht er auch die Strukturen der Angebotsseite, allerdings ohne dabei gezielten Forschungsfragen nachzugehen.

Da derzeit noch keine Studie existiert, welche den E-Bike-Tourismus aus raumwissenschaftlicher Sicht beleuchtet, wird mit vorliegender Arbeit Neuland betreten. Ziel der Studie ist es, diesbezüglich einen Grundstein zu setzen und allgemeine Strukturen der Raumnutzung des E-Bike-Tourismus herauszuarbeiten *(siehe Kap. 1.3)*.

1.3 Fragestellung und Thesen

E-Bike-Tourismus ist in den Medien sehr präsent. Liest man die Werbematerialien der Urlaubsregionen, scheint es als radelten vielerorts bereits viele begeisterte Touristen auf Elektrofahrrädern. Neben Werbung und Medien geben auch Studien zur allgemeinen E-Bike-Nutzung *(siehe Zitat)* Anlass dazu, die propagierte Loslösung der bisher geltenden Bindung des Radtourismus an flache Landschaftstypen intensiver zu untersuchen.

> "[...] *The Dutch polders, the Loire region or the cycling path along the Danube are suited for the overall majority of cyclists. The Alps, Abruzzo [sic!] or the Dolomites however are reserved to the very well trained cyclists or to those who enjoy pedal assistance*" (ETRA, 2010, S. 13).

HARTENSTEIN (2012), Koordinatorin des fahrradtouristischen Angebots im Bundesland Rheinland-Pfalz, weist jedoch darauf hin, dass „dieser Medienhype […] nicht der Realität im Tourismus [entspricht]. Das Volumen ist noch klein." Um einen von Medien und Werbung ungetrübten Überblick der touristischen Nutzung von E-Bikes zu bekommen, soll die vorliegende Studie zunächst den S t a t u s   q u o erfassen. Untersucht werden dabei sowohl A n g e b o t s s e i t e als auch N a c h f r a g e s e i t e des E-Bike-Tourismus im deutschsprachigen Raum.

Ohne Zweifel bietet die Technik des Elektrofahrrads nun auch die Möglichkeit in Regionen mit stärkeren Steigungen komfortabel Rad zu fahren *(siehe Kap. 1.1)*. Eine

Realisierung dieses theoretischen Entwicklungspfades hätte eine räumliche Erweiterung des Aktionsraums Radtourismus zur Folge.

Vor diesem Hintergrund lautet die zentrale Forschungsfrage dieser Untersuchung:

Wird durch die Innovation E-Bike die Grundvoraussetzung einer weitestgehend flachen und daher fahrradfreundlichen Topographie für die Herausbildung eines „massentauglichen"[2] Radtourismus bestehen bleiben oder wirkt der Faktor Topographie im „E-Bike-Zeitalter" nicht mehr limitierend auf die räumliche Verteilung des Radtourismus?

Oder verkürzt formuliert:

Bietet nun jede Topographie das Potential zum (Elektro-)Radtourismus?

Aus der zentralen Forschungsfrage abgeleitet, ergeben sich im Speziellen folgende Thesen, welche in dieser Studie überprüft werden sollen:

1. *Durch die Implementierung der Innovation E-Bike im Tourismus finden räumliche Neuerschließungen von fahrradtouristischen Aktionsräumen statt.*

2. *Durch E-Bikes werden auch Landschaftstypen mit bewegter Topographie (Mittelgebirge, Hochgebirge) zu Aktionsräumen des Fahrradtourismus.*

3. *Durch ein touristisches E-Bike-Angebot können „Nicht-Radregionen" mit kaum fahrradtouristischen Strukturen zu Radregionen werden.*

4. *E-Bike-Touristen bewältigen längere Strecken als Fahrradtouristen.*

Zur Überprüfung dieser Thesen wird der E-Bike-Tourismus an drei Beispielregionen genauer untersucht *(siehe Kap.1.4 1.4)*. Das Augenmerk bei der räumlichen Erweiterung des Radtourismus gilt dabei den unterschiedlichen Eignungen bzw. Anforderungen verschiedener Landschaftstypen bezüglich dieses neuen Trends *(siehe Adoptionssensibilitäten, Kap. 2.1.1)*. Die Unterscheidungsebene *Landschaftstyp* soll in

---

[2] Mit der Bezeichnung „massentauglich" soll der Mountainbike- und Rennradtourismus ausgeschlossen werden.

dieser Studie vereinfacht aus den Kategorien *Flusslandschaft*, *Mittelgebirge* und *Hochgebirge* bestehen.

Aus den Thesen ergeben sich weitere, sich insbesondere auf nachfrageseitige Teilaspekte beziehende, u n t e r g e o r d n e t e F o r s c h u n g s f r a g e n :

- *Wächst der allgemeine Tourismus einer Region durch die Innovation E-Bike?*
- *Werden die neuen E-Bike-Angebote auch genutzt bzw. ist die Nachfrage zufriedenstellend?*
- *Ist der E-Bike-Tourist ein neuer Typ von Radtourist?*

Nebst Beantwortung dieser Fragen, sollen darüber hinaus weitere, nicht v o r a u s g e s e h e n e V e r ä n d e r u n g e n , welche durch die Innovation E-Bike im Radtourismus entstehen, erörtert werden.

Schließlich ist ein weiteres Ziel dieser Arbeit, die wichtigsten E r f o l g s f a k t o r e n von E-Bike-Konzepten zu ermitteln und die zukünftige Entwicklung dieses neuen touristischen Angebots einzuschätzen.

1.4 Allgemeine Methodik

Die Herangehensweise zur Beantwortung der Forschungsfragen und Überprüfung der Thesen erfolgte in mehreren Schritten. Um zu Beginn einen Überblick vom aktuellen E-Bike-Angebot im europäischen Raum zu erhalten, stand am Anfang der Recherche der Besuch zweier Fachmessen – der weltweit größten Tourismusmesse *ITB Berlin* (6.–8. März 2012) und der *14. Bonner adfc-Radreisemesse* (17. März 2012). Auf beiden Messen war das E-Bike mit Abstand der größte thematische „Aufhänger" vieler Tourismusregionen und Fahrradinteressenverbänden. Vertreter verschiedener Interessengruppen (Fahrradindustrie, Tourismusdestinationen, Interessenvertretung von Fahrradfahrern *[adfc]*) referierten zum Themenkomplex E-Bike. Darüber hinaus ergaben sich aufschlussreiche Gespräche mit Personen der Angebotsseite, vor allem mit Touristikern, welche das E-Bike-Angebot ihrer Region präsentierten. Dabei konnten wichtige Kontakte zu Experten geknüpft werden.

Im Anschluss erfolgte eine intensive Literatur- und Internetrecherche, welche sich weitgehend auf deutschsprachige Quellen begrenzte, da das Thema sonst nur in den Niederlanden eine vergleichbare Popularität besitzt. Weil sich schnell herausstellte, dass zu „E-Bike-Tourismus" wenig einschlägige Literatur existiert, fokussierte sich die Suche unter anderem auf nicht veröffentlichte Studien (z.B. TRENDSCOPE-Berichte).

Um die Angebotsseite des E-Bike-Tourismus näher zu untersuchen wurden, zunächst mehrere Tourismusdestinationen angeschrieben, ob sie an einer Studie interessiert wären und die Arbeit organisatorisch unterstützen würden. Ziel war es, drei Regionen verschiedenen Landschaftstyps zu vergleichen und intensiver zu erforschen. Die Reaktionen auf die Anfragen waren verhalten. Einige Regionen waren jedoch zumindest interessiert und versprachen ein Interview und einen Informationsaustausch. So wurden für die empirischen Untersuchungen dieser Arbeit drei Destinationen stellvertretend für die erwähnten Landschaftstypen ausgewählt: Die sehr stark im Radtourismus profilierte Flussregion Liebliches Taubertal, die bisher mehrheitlich von Mountainbikern genutzte Mittelgebirgslandschaft des Naturparks Südschwarzwald und die sich erst jüngst als Radregion profilierende Alpenregion Schladming-Dachstein *(siehe Kap. 3.1)*.

Für ein umfassendes Bild, wurden sowohl Anbieter und Nutzer sowie Entscheider mittels Methoden der empirischen Sozialforschung befragt *(siehe Kap. 3.1.4)*. Der Schwerpunkt der Datenerhebung lag in der Befragung der Elektrofahrrad-Verleiher in den drei Beispielregionen. Ausgangsüberlegung war, dass diese sich im direkten Kontakt zu den Kunden befinden und somit die Auswirkungen der Innovation E-Bike im „Vorher-Nachher-Vergleich" einschätzen können. Ergänzend dazu wurden die jeweiligen verantwortlichen Koordinatoren der touristischen E-Bike-Konzepte als Experten interviewt. Supplementär sollte eine von den Beispielregionen unabhängige Befragung von „E-Bike-Urlaubern"[3], die nachfrageseitigen Präferenzen hinsichtlich der zu befahrenden Landschaftstypen aufzeigen.

Ergänzend zu den Erhebungen erfolgte zur besseren Einsicht in die Thematik in Ansätzen eine teilnehmende Beobachtung in den Untersuchungsregionen, welche allerdings nicht methodisch ausgewertet wurde.

---

[3] Definition: siehe Kapitel 2.4.5, S. 52 unten

1.5 Aufbau der Arbeit

Die vorliegende Arbeit ist im Anschluss an den vorangegangen einleitenden Teil in drei übergeordnete Abschnitte untergegliedert.

Der theoretische Teil beginnt mit der Vorstellung der Grundlagen der geographischen Innovations- und Diffusionsforschung (Kap. 2.1). Danach werden in Kapitel 2.2 jene für das Verständnis dieser Untersuchung relevanten fahrradtouristischen Begriffsdefinitionen und Zusammenhänge erörtert. Daran anknüpfend folgen in Kapitel 2.3 allgemeine Erläuterungen zum Produkt Elektrofahrrad, dessen aktueller Marktsituation, sowie Ausführungen zu nachfrageseitigen Aspekten hinsichtlich der allgemeinen Nutzung von Elektrofahrrädern. Kapitel *2.4* widmet sich dem thematischen Schwerpunkt der Arbeit – dem E-Bike-Tourismus. Es erfolgen Ausführungen sowohl über dessen Angebotsseite als auch über die touristische Nachfrage dieser neuen Variante des Radtourismus.

An den Theorieteil schließen sich im empirischen Teil die Forschungsergebnisse dieser Arbeit an. Zunächst stellt Kapitel 3.1 die einzelnen Untersuchungsgebiete vor. Zu jeder Destination erfolgt eine gegliederte Darstellung der (fahrrad-)touristischen Ausgangssituation und ihrer errichteten E-Bike-Infrastruktur. Im Unterkapitel 3.1.4 vergleicht der Autor die Beispielregionen miteinander und hebt deren wichtigsten Unterschiede hervor. Im Anschluss werden, nach Vorstellung der speziellen Methodik der Datenerhebung (Kap. 3.2), die Ergebnisse der verschiedenen Befragungen im Einzelnen vorgestellt (Kap. 3.3). Im Anschluss reflektiert der Autor in Kapitel 3.4 die angewandten Methoden.

Den Abschluss bildet die Synthese (Kap. 4). Hier erfolgt eine Interpretation der empirischen Untersuchungen, welche die anfangs postulierten Forschungsfragen und Thesen aufgreift und diese mittels der Erkenntnisse aus bisherigem Forschungsstand und der eigenen empirisch gewonnen Daten beantwortet bzw. überprüft. Des Weiteren gibt der Autor einen Ausblick auf eine mögliche Entwicklung des E-Bike-Tourismus.

2 Theoretischer Teil

2.1 Diffusion der Innovation E-Bike im Tourismussektor

2.1.1 Geographische Innovations- und Diffusionsforschung

Die Geographie ist nur eine von vielen wissenschaftlichen Disziplinen, welche in der Tradition der Diffusionsforschung mitwirkte. 1995 betrug der Anteil geographischer Diffusionsstudien mit 160 Veröffentlichungen nur 4 % (ROGERS, 2003, S. 90).

Das heutige gemeine Begriffsverständnis von „Innovation" entspricht am ehesten des von SCHUMPETER in die Wirtschaftswissenschaften eingeführten Begriffsverständnis, welcher Innovation erstmalig als „die Durchsetzung einer technischen oder organisatorischen Neuerung, nicht allein ihre[r] Erfindung" beschreibt (vgl. SCHUMPETER, 1911/1987, S. 110f.)[4]. Zeitlich parallel wurde der ursprünglich aus der Botanik stammende Begriff in der ersten Hälfte des 20. Jh. von der Anthropologie, Ethnologie und Soziologie verwendet und bezeichnete die Ausbreitung kulturellen Fortschritts (BORCHERDT, 1961, S. 13). Die auf diesen Auffassungen aufbauende, moderne geographische Innovationsforschung beginnt mit der Dissertation des schwedischen Geographen HÄGERSTRAND (1952), welcher die Ausbreitung von Innovationen am Beispiel des Automobils und des Radios in der ehemaligen schwedischen Provinz Schonen untersuchte.

1961 führte BORCHERDT die Innovationsforschung anhand von agrargeographischen Untersuchungen in die deutschsprachige geographische Wissenschaftslandschaft ein. Er definiert Innovation als

> „[...] Ausbreitungsvorgang, der von einem Zentrum aus durch Nachahmung in Verbindung mit einer unterschiedlichen Wertung bei den Sozialgruppen flächen- oder linienhaft nach außen vordringt und dabei die Gegenkräfte der ‚Tradition' zu überwinden hat" (BORCHERDT, 1961, S. 15).

Seine Auffassung von Innovation ist doppeldeutig und schließt sowohl die „geistige Nachahmung" (oder *Akzeption*) etwas Neuen als auch den Prozess der räumlichen Ausbreitung mit ein. Der Innovationsvorgang vollziehe sich allerdings weder zeitlich

---

[4] In seiner 1911 erschienenen „Theorie der wirtschaftlichen Entwicklung" spricht Schumpeter noch von „neuen Kombinationen" (SCHUMPETER, 1911/1987, S. 110f.). Explizit verwendet er den Begriff „Innovation" erst in seinem 1939 zunächst in englischer Sprache erschienen Werk „Business Cycles".

noch räumlich gleichmäßig. Zudem könne sich eine Innovation auch hinsichtlich sozialer Gruppen differenziert ausbreiteten. Zeitlich sei sie vor allem von konjunkturellen Schwankungen betroffen. Räumlich betrachtet könne die Ausbreitung der Innovation auch durch Initiativleistung an verschiedenen Punkten beginnen und aufgrund von Widerständen „wie [...] Traditionsgebundenheit oder das Fehlen einer ‚Notwendigkeit'" Umwege einschlagen (a.a.O., 13ff.). Während BORCHERDT (1961, S. 42ff.) eine Innovation nur als solche ansieht, wenn der Ausbreitungsvorgang nicht von einer Obrigkeit befohlen ist, sondern spontan abläuft, führt der amerikanische Geograph BROWN (1975, S. 185ff.) den Begriff der *propagierten Innovation* ein und fügt damit der spontanen Innovation eine zweite Gruppe an Neuerungen hinzu. Diese kennzeichne sich dadurch, dass eine Institution, eine Gruppe oder eine Person besonderes Interesse an deren Ausbreitung habe.

BREUER (1985) verwendet in seiner Habilitationsschrift den Begriff Innovation wieder im HÄGERSTRANDschen Sinne und versteht darunter allein die Neuerung und nicht deren Ausbreitungsvorgang. In einer aktuelleren Definition des Soziologen ROGERS[5] (2003, S. 12), zusätzlich auf die vielfältigen Ausprägungen einer Innovation ein:

"An innovation is an idea, practice, or object that is perceived as new by an individual or other unit of adoption"[6]

<u>Von der Innovation zur Diffusion</u>

Alle genannten Autoren teilen die Auffassung, dass eine Innovation verschiedene Phasen durchlaufe (vgl. HÄGERSTRAND, 1952, S. 16f.; BORCHERDT, 1961, S. 46; BREUER, 1985, S. 11). Die erste Phase, „den geistigen Akt der Erfindung oder Entdeckung" wird von BREUER (1985, S. 9). als *Invention*, deren „gezielt betriebene Anwendung" als „*Implementierung*", bezeichnet. Das geographische Interesse liege meist jedoch nicht in der Invention, sondern in der „Reaktion, die die Innovation im Raum auslöst" (ebd.). Die Annahme oder Übernahme einer Innovation (bei BORCHERDT: „Akzeptanz" bzw. „Nachahmung") wird als *Adoption*, die individuellen Übernahmeeinheiten (i.d.R. Personen, Betriebe, Institutionen) als *Adoptoren* (oder

---

[5] ROGERS schuf mit seinem erstmals 1962 erschienen Hauptwerk „Diffusion of Innovations" ein Standardwerk der Innovations- und Diffusionsforschung

[6] Dt. Übersetzung: *Eine Innovation ist eine Idee, eine Praxis oder ein Objekt, dass von einer Einzelperson oder einer anderen Adoptionseinheit als neu wahrgenommen wird.*

Adopter) bezeichnet. Wiederholt sich die individuelle Adoption vielfach, spricht BREUER (1985, S. 9) von *Diffusion* und bezeichnet damit den Ausbreitungsprozess der Innovation selbst in Raum und Zeit (ebd.). ROGERS (2003, S. 5) definiert Diffusion als

„ *[...] den Prozess, durch welchen eine Innovation über die Zeit und über bestimmte Kanäle unter den Mitgliedern eines sozialen Systems kommuniziert wird. Der Diffusionsprozess wird somit als spezielle Art der Kommunikation verstanden, deren Inhalt eine Verbreitung von als neu wahrgenommenen Ideen ist"* (dt. Übersetzung zit. aus BADER, LUPO, MOLLET, MÜLLER, OTT & VON MATT, 2005, S. 13).

Diffusionstheorie

HÄGERSTRAND postuliert aufgrund zwischenmenschlicher Kontakte *(siehe „Nachbarschaftseffekt" im nächsten Absatz)* eine Abhängigkeit zwischen der Übernahmerate *(Adoptionsrate)* der Innovation und der Entfernung vom Innovationszentrum. Mit der Zeit entferne sich der Bereich der höchsten Adoptionsrate (in sog. „Innovationswellen") immer weiter vom Innovationszentrum bis die Neuerung flächenhaft verbreitet und das *Sättigungsstadium* erreicht sei (vgl. HÄGERSTRAND, 1952, S. 16f.; HÄGERSTRAND, 1953/1967, S. 82ff.). Auch BORCHERDT hält den Faktor Entfernung vom Innovationszentrum für wichtig. Allerdings habe die Distanz nur auf den zeitlichen Ablauf der Diffusion und nicht auf deren Adoptionsintensität Einfluss. Wie HÄGERSTRAND, versteht auch er den Diffusionsvorgang dann als abgeschlossen, wenn überall das Sättigungsstadium erreicht sei, wobei der *Sättigungsgrad* sehr unterschiedlich sein könne. Scheinbare räumliche „Lücken" seien darauf zurückzuführen, dass dort das Sättigungsstadium sehr früh bzw. bei sehr geringem absoluten Umfang erreicht sei (BORCHERDT, 1961, S. 42ff.).

Das wirtschaftswissenschaftliche Konzept des Produktlebenszyklus gibt jeder Innovation (im Sinne eines Produkts) eine Lebensspanne und unterteilt diese in mehrere Phasen *(Einführung, Wachstum, Reife, Sättigung, [Rückgang])* (vgl. SCHÄTZL, 2001, S. 2010ff.). BREUER (1985, S. 17) führt an, dass je fortgeschrittener eine Innovation im Lebenszyklus sei, desto größer sei der „*Vertrautheitsgrad* der potenziellen Adoptoren" und desto niedriger die *Adoptionsschwelle*. Auf lange Sicht werde somit die Innovation ihren neuartigen Charakter verlieren und die Diffusion zum Stillstand kommen.

Anstatt den Innovationsvorgang in Phasen zu unterteilen, bildet ROGERS fünf Adopterkategorien in Abhängigkeit vom Zeitpunkt ihrer Adoption – der sogenannten „innovativeness": *Innovatoren, frühe Adoptoren, frühe Mehrheit, späte Mehrheit*, und *Nachzügler*. Dabei wird von einer Normalverteilung ausgegangen. Die prozentuale Verteilung der Adopterkategorien ergibt mithilfe der Standardabweichung (sd) in Abhängigkeit vom mittleren Adoptionszeitpunkt $(\bar{x})$ *(siehe Abb. 1)* (vgl. ROGERS, 2003, S. 22f., 267ff.).

Abbildung 1: Adopterkategorien nach Rogers

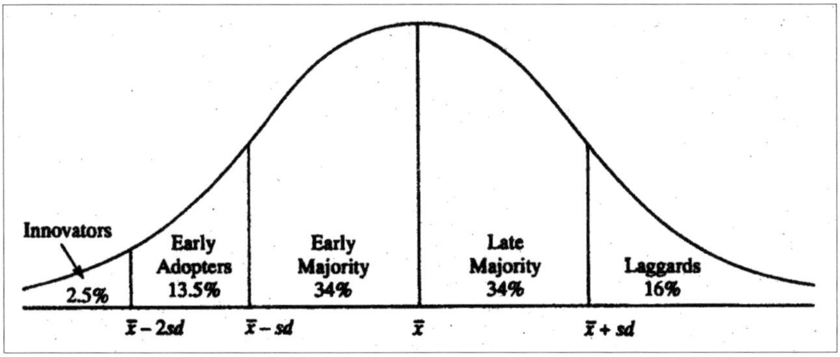

Quelle: ROGERS (2003, S. 281)

Nach ROGERS (2003, S. 23) Diffusionstheorie nehmen die meisten Innovationen, trägt man kumulative Adoption gegen die Zeit auf, eine S-förmige Kurve an *(siehe Abb. 2)*. Die Steilheit der Kurve gibt die häufig verwendete Messgröße der Adoptionsrate wieder, welche ROGERS als die relative Geschwindigkeit, mit der eine Innovation von den Mitgliedern eines Systems übernommen wird, definiert. Auf eine anfänglich langsame Phase der Innovationsübernahme (Adoption) folgt eine Phase der schnellen Diffusion. Gegen Ende nähert sich die der Prozess einer Sättigung, die Adoptionsrate verläuft gegen Null (ebd.).

Abbildung 2: Diffusionskurve und Adopterkategorien nach Rogers

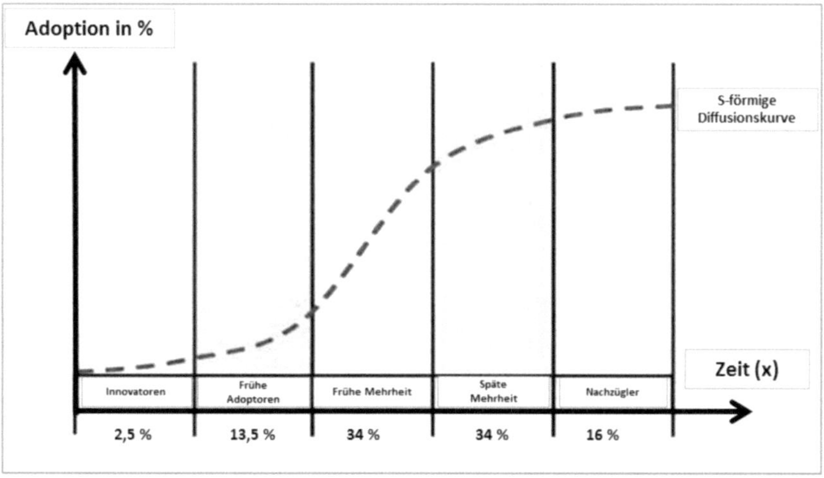

Quelle: Verändert nach *www.marketinglexikon.ch* in Anlehnung an ROGERS (2003, S. 22f., 267ff.)

Darüber hinaus führt ROGERS (2003, S. 15f.) fünf Charaktereigenschaften von Innovationen an, welche ihre Adoptionsrate und somit Diffusion begünstigen:

1) Ein relativer Vorteil gegenüber anderen Produkten (*relative advantage*),
2) Kompatibilität mit bestehenden Werten, Erfahrungen und Bedürfnissen (*compatibility*),
3) die Möglichkeit das Produkt zu testen (*trialability*),
4) die Sichtbarkeit des Innovationseffekts (*observability*) und
5) ein einfaches Funktions- und Gebrauchsprinzip (*complexity*).

Verschiedene Diffusionstypen

Neben der zeitlichen Strukturierung von Ausbreitungsvorgängen in verschiedene Phasen wurden von Anfang an gleichwohl deren Transfermechanismen erforscht und davon abhängig verschiedene Diffusionstypen charakterisiert. An dieser Stelle soll nur HÄGERSTRANDs Annahme Erwähnung finden, welche besagt, dass für eine Ausbreitung von Neuerungen eine Informationsübermittlung durch individuelle soziale Kontakte (Nachbarschaftseffekt) nötig sei. Diese *kontaktabhängige Diffusion* (vgl. HÄGERSTRAND, 1953/1967, S. 158ff.) ordnet BREUER (1985, S. 12f.) in Anlehnung an WIRTH (1979, S. 202ff.) eher auf der lokalen Ebene ein. Dieser stellt er auf einer Ebene kleineren Maßstabs die *hierarchische Diffusion* gegenüber, welche sich distanzunabhängig und sprunghaft, hierarchisch gestaffelt von mehreren Kernen ausbreite, die an die zentralörtliche Gliederung angelehnt sein könne *(siehe Abb. 3)* (BREUER, 1985, S. 12f.; HAAS & NEUMAIR, 2008, S. 94). Eine weitere Möglichkeit der Diffusionstypen-Unterscheidung geht auf BROWN (1968) zurück. Bei der *expansiven Diffusion* bleiben Adoptoren (Informationsträger) am Ausgangsort, sodass sich die Innovation nur über den Kontakt mit anderen potenziellen Adoptoren ausbreitet. Die Annahmewahrscheinlichkeit der Innovation ist somit abhängig von der Distanz zum Innovationszentrum. Sind die Adoptoren selbst mobil und bewegen sich außerhalb ihres Ursprungsgebietes, so lösen sie dort erneute Ausbreitungsvorgänge aus. Diese *relokative Diffusion* ist demnach abhängig von der Bewegung der Adoptoren. Die häufigste Form der Innovationsausbreitung ist eine Überlagerung beider Typen. (vgl. BREUER, 1985, S. 13).

Abbildung 3: Hierarchischer Diffusionsprozess

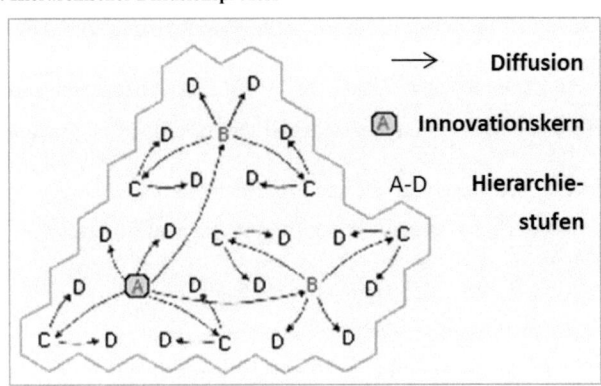

Quelle: *www.mygeo.info* in Anlehnung an HAGGETT, CLIFF & FREY (1983, S. 98)

Allerdings verhalte sich die Nachfrage bzw. das Adoptionsverhalten im geographischen Raum regional sehr unterschiedlich. GSCHAIDER (1981, S. 161) spricht von der „'spezifischen Sensibilität', die ein geographischer Raum für ein bestimmtes Diffusionsobjekt aufweist". BREUER (1985, S. 68f.) ergänzt, dass auch die regionale Divergenz dieser „Adoptionssensibilität" weder räumlich noch zeitlich konstant sei, da sowohl die *regionalen Strukturbedingungen* (1) als auch der *Inhalt einer Innovation* (2) veränderlich sei. Schließlich nehme auch der *Grad der Neuigkeit einer Innovation* (3) ab und senke so die Adoptionsschwelle für den individuellen Adopter sowie „das Risiko, das mit der Übernahme einer Innovation verbunden ist", wodurch die Innovation wiederum für neue (strukturelle oder regionale) Adoptergruppen verfügbar werde. Diese drei *Veränderungskomponenten* seien maßgeblich, ob der Verbreitungsprozess einer Neuerung erfolgreich verläuft, stockt oder erst gar nicht recht „in Gang kommt" (BREUER, 1985, S. 68f.). BATHELT & GLÜCKLER beschreiben unterschiedliche *Diffusionsbarrieren*, welche den Ausbreitungsprozess einer Innovation hemmen können. Diese Barrieren können psychologischer, sozio-kultureller, politischer oder topographisch-physischer Natur sein und vermögen die Diffusion zu verändern oder aufzuhalten (BATHELT & GLÜCKLER, 2003, S. 234).

Kritik an der Theorie

BREUER (1985, S. 17f.) relativiert, dass „die flächenhafte Werbung über Massenmedien in der Realität die zeitliche Dimension der Informationsausbreitung fast auf Null [sic!] zusammenschrumpfen [lässt]" und so dem HÄGERSTRANDschen Nachbarschaftseffekt (bzw. der expansiven Diffusion) „nur noch sehr eingeschränkte Bedeutung zukommt". ROGERS (2003, S. 215f.) führt an, wie das Internet die Adoptionsrate von Innovationen in noch stärkerem Maße beschleunige, da es einerseits wie andere Massenmedien ein Informationsaustausch vom Typ „one-to-many" sei, gleichzeitig jedoch interpersonelle Kommunikation zulasse. Zudem lasse eine E-Mail die Informationsweitergabe in gleicher Zeit und bei gleichen Kosten wie der Austausch mit dem Nachbarn zu.

Nach BREUER (1985, S. 17f.) sei der Diffusionstyp mehrheitlich „[…] weniger durch die Art der Informationsausbreitung als vielmehr durch die inhaltlichen Eigenschaften der Innovation selbst vorgegeben […]", weshalb die zukünftige „Innovationsforschung den Versuch einer allgemeingültigen und umfassenden Adoptions- und Diffusionstheorie aufgeben" und stattdessen versuchen solle, Gesetzmäßigkeiten regional und thematisch zu differenzieren (a.a.O., S. 18). BATHELT & GLÜCKLER (2003, S. 234) begründen den Stillstand der traditionellen Diffusionsforschung seit den 1980er Jahren damit, dass der Schritt zur Adoption einer Innovation nicht nur von der Innovation selbst, sondern auch vom sozialen und ökonomischen Kontext sowie der Erfahrung der Adoptoren abhänge. Aus diesen genannten Gründen wird in dieser Arbeit auf eine Vertiefung der Diffusionstypisierung und der Transfermechanismen verzichtet *(siehe Kap. 2.1.2)*.

2.1.2 Einordnung in die eigene Thematik

Laut BOCHERT (2011, S. 9) befinden sich viele traditionelle Tourismusregionen Europas in der Konsolidierungs- oder Stagnationsphase. Es werde „[…] unweigerlich ein Ausleseprozess insbesondere in denjenigen Regionen, die in die Sättigungsphase übergehen, einsetzen." Daher erfordere es Strategien um einer Degeneration entgegenzuwirken. Innovationen können für die Revitalisierung dieser Destinationen entscheidend sein und seien in der wettbewerbsintensiven Tourismusbranche von größter Bedeutung. Denn „ein Stillstand an Innovationstätigkeiten [bedeutet] zugleich einen Rückschritt" im Wettbewerb mit den konkurrierenden Destinationen (PIKKEMAAT & PETERS, 2006, S. 3). Bezogen auf das Phasenmodell des Produktlebenszyklus erreichen bestehende Produkte bzw. Dienstleistungen früher oder später die Degenerationsphase (vgl. BIEGER, 2008, S. 104), weshalb Destinationen stets bemüht sind, innovative Leistungen zu generieren und somit ihr touristisches Angebot zu erweitern bzw. zu verbessern (STEINHAUSER & THEINER, 2006, S. 289). Viele Regionen setzen hierbei unter anderem auf das E-Bike. Während sich das Produkt „Fahrradtourismus" bereits in der späten Reifephase befindet, (BOCHERT, 2011, S. 9) ordnet der Verfasser, ohne die Durchführung einer Lebenszyklusanalyse, den „E-Bike-Tourismus" der frühen Wachstumsphase zu.

Das Elektrofahrrad ist eine *Produktinnovation*, dessen *Invention* schon Jahrzehnte zurückreicht. Eine nennenswerte Diffusion begann allerdings erst vor etwa zehn Jahren mit der Einführung des „modernen E-Bikes" *(siehe Kap. 2.3)*, dessen Innovationszentrum in der Schweiz zu verorten ist. Diese Studie beschäftigt sich jedoch weniger mit der Ausbreitung der Produktinnovation Elektrofahrrad, sondern mit dessen Nutzung in der Tourismus- und Freizeitwirtschaft. So gesehen ist der E-Bike-Tourismus als touristisches Produkt bzw. Dienstleistung eine auf der Produktinnovation Elektrofahrrad aufbauende, separat zu betrachtende Innovation. Alternativ kann man die „gezielt betriebene Anwendung" des Elektrofahrrads im Tourismus auch als *Implementierung* der Innovation begreifen (vgl. BREUER, 1985, S. 9). Inwieweit ein E-Bike-Angebot als Innovation angesehen wird, liegt in der Sichtweise des potenziellen Adopters. „Ob eine Innovation tatsächlich neu ist oder ob sie bereits länger existiert, spielt keine Rolle" (BADER et al., 2005, S. 13).

Als *Adoptoren* des E-Bike-Tourismus könnten einerseits Destinationen betrachtet werden, welche diese Innovation übernehmen, andererseits der einzelne Besucher, welcher die Innovation Elektrofahrrad auf Zeit annimmt bzw. adoptiert. Für die vorliegende Untersuchung sollen die Besucher der Destinationen als *potentielle Adoptoren* betrachtet werden; diejenigen, welche das touristische E-Bike-Angebot nutzen als *Adoptoren*.

Laut HOFMANN & BRUPPACHER (2008, S. 52f.) erfüllen E-Bikes als Innovation fast alle Charaktereigenschaften, welche nach ROGERS (2003, S. 15f.) für eine Adoption förderlich seien und tragen somit sehr gute Voraussetzungen für ein großes Diffusionspotenzial. Die von ihnen angeführten Eigenschaften für die Produktinnovation E-Bike lassen sich auch auf die Innovation E-Bike-Tourismus übertragen: Die Nutzung des E-Bikes im Tourismus beinhaltet diverse *relative Vorteile* gegenüber dem herkömmlichen Fahrrad *(siehe Kap. 2.3.4; 2.4.4)*. Ein Nachteil sind die höheren Kosten für die Radmiete. Da das Fahren eines Elektrofahrrads mit dem herkömmlichen Radfahren vergleichbar ist und man kaum neue Fertigkeiten benötigt, ist diese Innovation *mit bestehenden Werten, Erfahrungen und Bedürfnissen kompatibel*. Auch die *Testbarkeit* wird von den meisten E-Bike-Verleihern ermöglicht, obwohl das sehr *einfache Funktionsprinzip* keine besonderen Kenntnisse erfordert. Einzig die *Sichtbarkeit des Innovationseffektes* ist relativ gering, da sich moderne E-Bikes äußerlich nur noch wenig von gewöhnlichen Fahrrädern unterscheiden. Traut man den beiden Autoren (ebd.), sei jedoch gerade diese Tatsache von der Mehrheit der Nutzer explizit erwünscht.

Für die vorliegende Arbeit ist BROWNs (1975, zit. in BREUER, 1985, S. 14f.) *Markt- und Infrastrukturansatz* von besonderer Bedeutung. Dieser besagt, dass „[…] die Adoption einer Innovation als immer neues Ergebnis des Wechselspiels von Angebot und Nachfrage begriffen [werden kann]". Auf der Nachfrageseite stehen die *potenziellen Adopter*, welche eine Neuerung übernehmen sollen. Auf der Angebotsseite stehen jene, welche an der Einführung der Neuerung ein Interesse haben, die sogenannten *Propagatoren* der Innovation. Diese „versuchen, ungünstige strukturelle Rahmenbedingungen bei den Adoptern […] zu verbessern. Sicherlich kann die *Adoption*, also die touristische Nutzung eines E-Bikes nur in Destinationen mit einem solchen Angebot stattfinden – ist also angebotsabhängig. Gleichzeitig adoptieren aufgrund diverser persönlicher oder struktureller Einschränkungen nicht alle potenziellen Adopter das Angebot – also ist die Adoption ebenfalls nachfrageabhängig. Zweifelsohne kann das Elektrofahrrad an sich, sowie der E-Bike-Tourismus, als eine *propagierte Innovation* angesehen werden. *Propagatoren* sind die Tourismusdestinationen und insbesondere die Leistungsträger des E-Bike-Angebots (Gastwirte, Radverleiher, Akkulade-/Wechselstationen). Darüber hinaus wird der Aufbau einer E-Bike-Infrastruktur *(siehe Kap. 2.4.2)* nicht selten von staatlicher Seite (vgl. BERGMANN et al., 2006) oder privaten Unternehmen (z.B. Stromanbieter) gefördert (siehe 3.1.1).

Gewöhnlich beschäftigt sich die geographische Diffusionsforschung mit dem Ausbreitungsprozess selbst. Dabei konzentrieren sich die Untersuchungen auf zentrale Fragen: Wo befinden sich die Ausbreitungszentren (Informationszentren)? Wie wird die Information weitergeleitet? Mit welcher Geschwindigkeit und in welcher Richtung breitet sich die Innovation aus?

In dieser Studie hingegen, treten diese Fragestellungen in den Hintergrund. Als Diffusionsraum wird nicht wie gewöhnlich der reale Untersuchungsraum (in diesem Fall der deutschsprachige Raum) als geographisch abgrenzbares Gebiet betrachtet, sondern einzelne Beispielregionen und deren *Adoptionsverhalten* (Nachfrage nach E-Bikes). Im Fokus dieser Untersuchung soll die Erfassung der „spezifischen Sensibilität" *(siehe Kap. 2.1.1)* der Untersuchungsregionen sein. Wieso wird das E-Bike in einer (Untersuchungs-)Region bereits von einem größeren Anteil der Touristen (Adopter) angenommen (adoptiert) als in einer anderen? Als Unterscheidungsmerkmal dient zur Vereinfachung zunächst die Topographie einer Region. Zur Vereinfachung sollen drei Landschaftstypen (*ebene Landschaft*, *Mittelgebirge* und *Hochgebirge* stellvertretend untersucht werden.

Auch das Konzept der Diffusionsbarrieren *(siehe Kap. 2.1.1)* lässt sich auf die eigene Thematik anwenden. Stellte die bewegte Topographie für den „Genuss-Radtourismus" bisher eine Diffusionsbarriere dar, vermag die Innovation Elektrofahrrad diese – zumindest theoretisch – aufzulösen

2.2 Fahrradtouristische Grundlagen

Um den derzeitigen Wandel im Radtourismus durch die Innovation Elektrofahrrad einzuordnen, erscheint es zweckmäßig, dem Leser einen Überblick über die Entwicklung und die aktuelle Situation des Fahrradtourismus zu geben. Darüber hinaus werden weitere für das Verständnis der Untersuchung relevante Aspekte dargestellt.

2.2.1 Entwicklung des Fahrradtourismus

Der Fahrradtourismus ist eine relativ junge Tourismusart. Die ersten Anfänge kamen nach dem Zweiten Weltkrieg auf, als junge sowie naturverbundene Menschen Reisen mit dem Fahrrad machten. Jedoch verloren sich diese Ansätze mit der aufkommenden Massenmotorisierung wieder (ROSENAU, 2011, S. 27). Noch Ende der 1970er Jahre galt Radfahren lange Zeit als Zeugnis von Geldmangel oder als eine Form des Protests von „Öko-Gutmenschen" (GIEBELER, 2012, S. XIII). Auch damals sorgten – ähnlich wie heute – gestiegene Benzinpreise und eine gesteigerte Sensibilität für Umweltbelastungen sowohl im Alltag als auch in der Freizeit häufig für den Verkehrsmittelwechsel auf das Fahrrad (SCHNELL, 2007, S. 341). In der ersten Hälfte der 1980er Jahre setzte ein gesellschaftlicher Wandel „[...] hin zu postmateriellen Werten wie Entschleunigung, Körper- und Gesundheitsbewusstsein" ein bei einer parallelen Individualisierung des Reisens (MIGLBAUER, 2012, S. 18). Zuallererst bemerkten die Gasthof- und Hotelbesitzer entlang der Donau zwischen Passau und Wien, dass der Radtourist – entgegen der damaligen Vorstellung eines „Arme-Leute-Tourismus" – aus Vergnügen Fahrrad fährt und durchaus für Umsatz sorgt. Dieses Phänomen machte schnell die Runde und wenig später waren Radtouristen auch in anderen Regionen, vornehmlich an Seen und entlang der Flüsse gern gesehene Gäste (GIEBELER, 2012, S. XIII; TIMMDORF, 2011, S. 67). Die steigende Nachfrage brachte einen Wandel vom Anbieter- zum Käufermarkt, worauf die Destinationen wiederum mit einem verstärkten fahrradtouristischen Angebot reagierten. Aufgrund der hohen ökonomischen Relevanz wollte keine touristische Region auf dieses Nachfragesegment verzichten bzw. der Konkurrenz hinterherhinken. So konnte sich in einer relativ kurzen Zeitspanne das Fahrradfahren nachhaltig im Tourismussegment etablieren (SCHNELL, 2007, S. 331).

Aufgrund methodischer Hindernisse[7] existieren wenig gesicherte quantitativen Daten zur fahrradtouristischen Nachfrage. Insbesondere Daten zum Tagestourismus liegen nur punktuell vor (DTV, 2009, S. 21). Dennoch sollen hier einige aktuelle Zahlen die hohe ökonomische Bedeutung des Radtourismus innerhalb der Tourismusindustrie bekräftigen (vgl. MIGLBAUER, 2012, S. 18).

- In Deutschland haben 21 % der Bevölkerung über 14 Jahren bereits einen Fahrradurlaub unternommen

---

[7] Eine Ursache ist die Tatsache, dass in der Beherbergungsstatistik nicht das Motiv der Reisenden erfasst wird.

- In Österreich geben je nach Bundesland zwischen 8 und 18 Prozent der Gäste Radtouren als Hauptmotiv des Urlaubs an.
- In der Schweiz stellt Radfahren und Mountainbiken für 11,7 % die wesentliche Urlaubsaktivität dar.

Die Anzahl der Destinationen, welche auf Radtourismus setzen, wächst (DTV, 2009, S. 22). So gesehen lässt sich die Ausbreitung des Radtourismus vor etwa drei Jahrzehnten durchaus als Innovation betrachten, deren Diffusion sowohl räumlich gesehen als auch hinsichtlich der Intensität immer noch anhält. Einige Regionen haben das Sättigungsstadium bereits erreicht. Dazu zählen sowohl einige viel besuchte Radregionen wie der Donauradweg als auch die „Nicht-Radregionen", deren Sättigungsgrad allerdings sehr niedrig liegt *(vgl. Kap. 2.1.1)*.

Der derzeit sich vollziehende demographische Wandel wirkt sich massiv auf den Tourismus aus. Vertraut man den Studien von ZAHL, LOHMANN und MEINKEN (2007, S. 102ff.), sei der wichtigste Faktor für die zukünftige Steigerung der Reiseintensität[8] die Zunahme der Reiseintensität von Senioren (deren absolute Anzahl obendrein zunimmt). Die Senioren von morgen seien es gewohnt zu reisen und werden an diesen Reisegewohnheiten festhalten. Sowohl die Auswahl der Reiseziele als auch die Aktivitäten und Ansprüche der Senioren werden vielfältiger sein. Diese „neuen Senioren" existieren bereits und seien schon heute relativ aktiv, was bei zukünftigen Seniorengenerationen in noch stärkerem Maß der Fall sein werde.

Die hohe Affinität der älteren Bevölkerung zum Fahrrad als Verkehrsmittel sorgt auch für eine steigende Zahl an Fahrradtouristen. Waren Radreisen früher eher etwas für Jugendliche und junge Erwachsene ist schon heute ein sehr großer Teil der Radreisenden zwischen 50 und 70. Dabei sind sie deutlich gesünder und fitter als es ihre Altersklasse vor dreißig Jahren war (TIMMDORF, 2011, S. 68). Aufgrund dieser Entwicklung müssen viele Tourismusregionen sich an eine Veränderung ihrer Hauptzielgruppe anpassen.

Um auf dem Markt konkurrieren zu können, erhöhen die Destinationen ihre Marketingbemühungen und schaffen neue Angebote und/oder verbessern die Qualitätsstandards ihrer Fahrradinfrastruktur. Dies und ein wiederholt wachsendes

---

[8] „Sie beschreibt den Anteil der Personen an der Gesamtbevölkerung oder einer Subgruppe, der in einem bestimmten Jahr mindestens eine Urlaubsreise (5 Tage und länger) unternommen hat" (ZAHL, LOHMANN, & MEINKEN, 2007, S. 96f.)

Umwelt- und Gesundheitsbewusstsein steigern die allgemeine Beliebtheit des Fahrrads als Freizeitgerät. Daher ist anzunehmen, dass die absolute Zahl der Fahrradausflüge weiterhin zunehmen wird. Hingegen bleibt es offen, ob auch die Zahl der mehrtägigen Urlaubsreisen mit dem Rad ansteigen werden, da deren Entwicklung stärker konjunkturabhängig ist als die eintägiger Fahrradausflüge.

Als besonders positiv für die Branche werden die neuen Elektrofahrräder betrachtet (DTV, 2009, S. 21). Touristiker versprechen von ihnen, neben einem Angebot für eine älter werdende Hauptzielgruppe, weitere unterschiedliche Chancen, welche ausgiebig in nachfolgenden Kapiteln behandelt werden *(siehe Kap 2.4)*.

2.2.2 Typisierung von Fahrradfahrern

Fahrradtourismus ist keineswegs eine homogene Freizeitbeschäftigung, sondern weist sowohl bezüglich der Reiseart und -dauer als auch hinsichtlich der Zielgruppen ein weit gefächertes Spektrum auf (vgl. ROSENAU, 2011, S. 28). Hier sollen nun die wichtigsten fahrradtouristischen Nutzerkategorien aufgeführt und systematisch gegliedert werden.

Der *Deutsche Tourismsus Verband* definiert Fahradtourismus als

> *„[...] diejenigen Beziehungen und Erscheinungen [...], die sich aus der Nutzung von Fahrrädern jeglicher Art zum Zweck der Freizeit- und Urlaubsgestaltung außerhalb des Wohnumfelds ergeben. Inbegriffen sind hierbei sowohl Kurz- und Tagesausflüge als auch Übernachtungsreisen"*

Diese Definition grenzt zunächst den *Fahrradtouristen* (häufig auch „Freizeitradler") vom *Alltagsradler* ab, welcher das Rad für Fahrten innerhalb seines Wohnumfelds nutzt, deren Zweck nicht das Radfahren allein, sondern das Erreichen des Ziels ist. Der Fahrradtourist hingegen nutzt das Rad zur Erholung oder zur sportlichen Betätigung. Für ihn ist das Radfahren selbst der Zweck (vgl. ROSENAU, S. 22; ETI, S. 6). Er nutzt das Fahrrad vielmehr als „Fortbewegungsmittel zum Sammeln von Erfahrungen in anderen Landschaftsgebieten, losgelöst vom Alltagsstress" (MIGLBAUER & SCHULLER, 1991, S. 10).

Fahrradtouristen lassen sich nach verschiedenen Merkmalen in unterschiedlicher Art und Weise kategorisieren (vgl. GÖRTZ & HÜRTEN, 2011, S. 36ff.). Eine Möglichkeit ist eine Typologisierung nach dem Charakter der Radtour(en) *(Familienradler, Genussradler[9],*

---

[9] „Genussradler" bevorzugen Radwege, auf denen die körperliche Anstrengung minimal ist [...] [und] interessieren sich für weitere Aktivitäten während der Radreisen (Natur, Kultur, Gesundheit, Besichtigungen)" (ETI, 2007, S. 19). Sehr häufig wird der Begriff im Zusammenhang mit E-Bikes verwendet (div. Internetquellen).

Tourenradler, Mountainbiker, Radsportler). Die Marktforschung erkannte, dass der genutzte Fahrradtyp (Touren- bzw. Trekkingrad, Mountainbike, Rennrad, E-Bike) dabei als wesentliches Differenzierungsmerkmal optimal geeignet ist. Je nach Fahrradtyp unterscheiden sich auch die Präferenzen des Radfahrers *(siehe Tab. 1)* und damit (im Optimalfall) auch das touristische Angebot (BMWI, 2009, S. 38). Während für Mountainbike- und Rennradfahrer das sportliche Training die Hauptmotivation darstellt, steht für die Tourenradler das Erleben einer gewissen Region im Vordergrund. Der häufigste Radtyp war wie auch in den vergangenen Jahren das Trekkingrad, welches sich insbesondere für längere Radtouren bzw. Radreisen eignet (DTV, 2009, S. 17).

Tabelle 1: Radfahrertypologien

	Trekkingrad-Reise/Ausflug	Mountainbike-Reise/Ausflug	Rennrad-Reise/Ausflug
Reisemotivation	Aktives Erleben und Kennenlernen von Land und Leuten	Sportliche Aktivität (Geschicklichkeit)	Sportliche Aktivität (Geschwindigkeit)
Streckenbeschaffenheit	Überwiegend befestigte, verkehrsarme Radwege mit touristischer Beschilderung und Infrastruktur	Unbefestigte Wege, zum Teil auch Off-road	Asphaltierte Radwege und verkehrsarme Straßen für Hochgeschwindigkeitsfahrten
Topografie der Destination	Reliefarme, kulturell interessante Landschaft; geringe Steigungen; beliebt: z. B. Flusstäler	Zumeist bergige Landschaft; hügeliges bis sogar steiles Gebiet	Abwechslungsreiche Landschaft (flach bis bergig)
Zielgruppe	Genussradler jeden Alters von Familie mit Kind bis Senior; Interesse an Kultur, Kulinarik, Landschaft	Sportlich ambitionierte und trainierte Radfahrer	Sportlich ambitionierte und trainierte Radfahrer; Interesse an Natur und Aussicht
Tagesetappen	ca. 40-60 km	je nach Terrain unterschiedlich, bis zu 50 km, 500-1500 Höhenmeter	Tagesetappen von bis zu über 100 km

Quelle: BMWI (2009, S. 38)

Eine weitere wichtige Unterscheidung von Fahrradtouristen wird hinsichtlich ihrer Reisedauer vorgenommen. Sofern mindestens eine Übernachtung inkludiert ist, wird die Tour als *Radurlaub* oder *Radreise* bezeichnet. Tagesreisen ohne Übernachtung werden hingegen als *Radausflug* angeführt. Entsprechend dazu werden die Touristen in *Radausflügler* (oder „Ausflugsradler") und *Radurlauber*[10] unterschieden.

---

[10] nicht zu verwechseln mit „Urlaubsradler" (siehe nächster Absatz)

Abbildung 4: Typisierung von Radfahrern

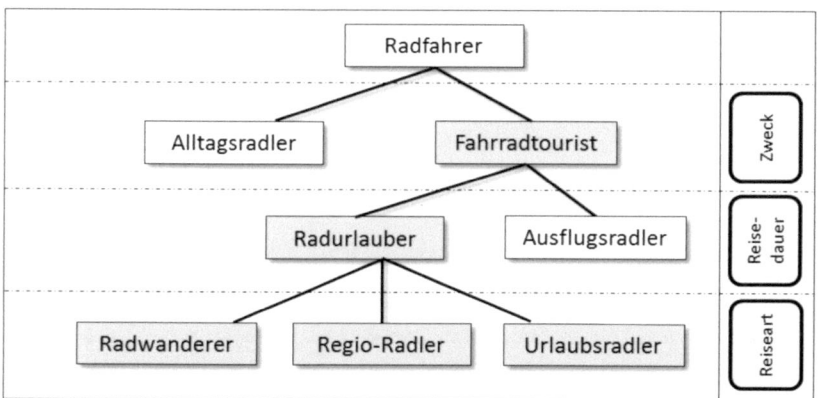

Quelle: Eigene Darstellung nach ETI (2007, S. 6); ROSENAU (2011, S. 22); TRENDSCOPE (2010, S. 2)

Auf einer weiteren Ebene lassen sich Radurlauber wiederum hinsichtlich ihrer Reiseart kategorisieren. Als *Tourenradler* bzw. *Radwanderer* werden jene Radtouristen bezeichnet welche mehrere Tage lang auf *Radwander-* bzw. *Radfernwegen*[11] – von einem Start- zu einem Zielort fahren. *Regio-Radler* sind Radtouristen mit fester Unterkunft, von welcher sie Tagestouren unternehmen. Im Gegensatz zu diesen beiden Gruppen, stellt für *Urlaubsradler* das Radfahren nur eine von mehreren Urlaubsaktivitäten dar und ist nicht das Hauptmotiv der Reise.

Eine Angabe über die prozentuale Aufteilung der einzelnen Radfahrertypen ist nur hinsichtlich ihrer Reiseart sinnvoll, da die Unterscheidung nach Reisedauer oder -zweck *(siehe Abb. 4*Abbildung 4*)* i.d.R. nur situationsbezogen erfolgen kann, da beide Typen meistens in einer Person vereint sind. Laut TRENDSCOPE (2010, S. 91) lasse sich in Deutschland die Hälfte der Radurlauber der Gruppe der Urlaubsradler zuordnen, 27 % den Radwanderern und 23 % den Regio-Radlern.

Im Mittel fahren Fahrradtouristen 45 km pro Tag und benötigen dafür fünf Stunden (TRENDSCOPE, 2012c, S. 5). Während der Typ „Genussradler" pro Tag 30–50 km zurücklegt (ROSENAU, 2011, S. 29), bewältigen Radwanderer hingegen Tagesetappen von 50–80 km. Ihre Durchschnittsgeschwindigkeit beträgt dabei 15–20 km/h. Sie

---

[11] Teilweise wird zwischen beiden Kategorien unterschieden. Im Gegensatz zu überregionalen Radfernwegen sind Radwanderwege meist auf kleinere Räume begrenzt (vgl. SCHNELL, S. 32f.). Der ADFC (2013b) definiert für Radfernwege u.a. eine Mindestlänge von 150 km oder eine Empfehlung von mindestens zwei Übernachtungen.

favorisieren ein flaches bis welliges Höhenprofil mit max. 300 hm pro Tag und Anstiegen im einstelligen Prozentbereich. Die Strecke sollte eine asphaltierte oder zumindest wassergebundene Fahrbahnoberfläche aufweisen und ohne besondere fahrtechnische Anforderungen zu bewältigen sein (BIEDERMANN, 2009, S. 3).

2.2.3 Bewertungskonzept für den Schwierigkeitsgrad von Radwegen

Um Radrouten besser vergleichen zu können entwickelte Curd Biedermann, Gesellschafter des Internetportals *bayernbike.de*, ein Verfahren zur objektiven Zertifizierung des Schwierigkeitsgrades von Radwegen. Das Ergebnis ist der *Eurobike-Systemstandard©*, eine in halben Punkten abgestufte Skala mit Schwierigkeitsgraden von 1 bis 4 *(siehe Tab. 2)* (WOLF, 2009, S. 36f.). Der Systemstandard setzt sich aus den Parametern Höhenmeter, Geländebeschaffenheit sowie dem Verhältnis der Höhenmeter zur Streckenlänge zusammen. Da die Anforderungsunterschiede zwischen verschiedenen Radfahrertypen erheblich sind, gibt es drei zueinander inkompatible Maßskalen (*Radwanderwegeskala*, *Mountainbikeskala*, *Singletrailskala*) (BIEDERMANN, 2008, S. 4).

Der wichtigste Faktor zur Einstufung des Gesamtschwierigkeitsgrades ist der Höhenmeterquotient HQ, dem Verhältnis der Streckenlänge zu den Höhenmetern. Eine reine Bewertung nach diesem Faktor unterstellt der Strecke allerdings eine Gleichverteilung des Steigungsprofils bzw. der Profilrhythmik. Der Schwierigkeitsgrad steigt aber mit steigender Unrhythmik bzw. Abweichungen vom Durchschnittswert. Radtouren mit einem inhomogenen Streckenprofil (wenige, dafür umso steilere Anstiege im zweistelligen Prozentbereich), sind trotz identischem HQ anspruchsvoller als Strecken mit einem gleichmäßigen sanften Steigungswinkel. Je nach Profilrhythmik kann der Schwierigkeitsgrad um einen halben Punkt herauf- bzw. herabgestuft werden. Zur weiteren Erhöhung der Aussagekraft wird die Bewertung um weitere zwei Schwierigkeitsgrade ergänzt. Somit können sowohl anspruchsvollere Streckenabschnitte als auch lokale Extremausprägungen des Streckenprofils (Einzelberganstiege) in objektiven Werten angegeben werden. Der einfach zu ermittelnde Höhenquotient gibt zwar nur einen groben Anhaltswert, birgt aber den Vorteil einer schnellen Zuordnung des Schwierigkeitsgrades (BIEDERMANN, 2009, S. 5ff.).

Tabelle 2: *Eurobike-Systemstandard©* **Radwanderwegeskala**

KATEGORIE		SCHWIERIGKEITSGRAD + HQ	STEIGUNGEN/BODENBELAG	BEWERTUNG
	Grün	1,0 – 1,5 HQ bis 3.0 (SG 1.5: HQ 3.1 - 4.9)	Flach / befestigt	Sehr leicht, uneingeschränkt familientauglich
	Blau	2,0 – 2,5 HQ 5.0 – 10.0 (SG 2.5: HQ 10.1 - 11.9)	Hügelig, max. 6 % / befestigt	Leicht, eingeschränkt familientauglich
	Rot	3,0 – 3,5 HQ 12.0 – 16.0 (SG 3.5: HQ 16.1 - 17.9)	Hügelig bis bergig, max. 15 % / auch unbefestigt	Mittelschwer
	Schwarz	4,0 HQ über 18.0	Bergig, auch über 15% / auch unbefestigt	Schwer

Quelle: Verändert nach BIEDERMANN (2009, S. 1f.) und WOLF (2009, S. 36)

Die in Kapitel 2.2.2 aufgeführten durchschnittlichen Leistungswerte für Radwanderer entsprechen in dieser Skala dem Median-Schwierigkeitsgrad SG 2,5. Das Leistungslimit für durchschnittlich bis gut trainierte „Genussradler" streut innerhalb der Schwierigkeitsgrade 3.0 bis 3.5 in der Kategorie *Mittelschwer*. Radstrecken mit einem höheren Schwierigkeitsgrad sind i.d.R. den konditionierten Radsportlern vorbehalten und geht meist mit einem Wechsel des Fahrradtyps (Rennrad, Mountainbike) einher (BIEDERMANN, 2009, S. 6).

Für E-Bikes bzw. Pedelecs gilt, dass je nach Unterstützungsstufe des Elektromotors, die Bewertung – bei gleichem Schwierigkeitsgrad – leichter eingestuft werden kann. Allerdings gibt es für diese „Normabweichung" keinen objektiven Berechnungsschlüssel und erfordert vom Anwender selbst eine „Feinjustierung" innerhalb der *Radwanderwege-Skala* (BIEDERMANN, 2013, S. 2).

2.2.4 Destinationswahl

Auch wenn *Landschaft* das wichtigste Motiv für eine Radreise darstellt (BMWI, 2009, S. 59), hängt die Wahl der Destination von vielen Faktoren ab. Die Bedeutung der *landschaftlichen Attraktivität*, rangiert dabei nur auf dem dritten Platz hinter der *Wegeführung* (2) und der *Beschilderung der Route* (1) (ETI, 2007, S. 139).

In einer Studie des Europäischen Tourismus Instituts (ebd.) wurden sowohl Radurlauber als auch Ausflugsradler nach der Bevorzugung verschiedener Landschaftstypen befragt. Hierbei ging hervor, dass für einen Radurlaub Flusslandschaften den mit Abstand beliebtesten Landschaftstypus darstellen *(siehe Abb. 5)*. Auch die übrigen flachen Landschaftskategorien sind deutlich beliebter als Mittel- und Hochgebirge. Daraus könnte man deuten, dass der Radreisende die Bequemlichkeit der Streckenbewältigung ohne große Höhenunterschiede wichtiger empfindet als die Attraktivität hügeliger oder gebirgiger Landschaften (BMWI, 2009, S. 60).

Sicherlich ist hierfür auch das Angebot verantwortlich. Das deutsche radtouristische Wegenetz wird vom *Bielefelder Verlag* auf Basis seiner Radwanderkarten auf 150.000 km berechnet. Davon sind etwa ein Drittel Radfernwege. Von 209 Radfernwegen verlaufen 40 % in ebenen Landschaftszonen entlang von Flüssen, Seen und Meeresküsten. 30 % aller Radfernwege sind sogenannte *Themenradfernwege (z.B. Route der Industriekultur)*. Die restlichen 30 % können weder einer bestimmten Thematik noch einem Gewässerverlauf zugeordnet werden und beziehen sich auf physisch-geographische Regionen (*Bodensee-Königssee-Radweg*, bedeutende Orte (*Berlin-Usedom Radfernweg*) oder verlaufen innerhalb einer Region (*Schwarzwald-Radweg*) (DTV, 2009, S. 15f.). Nichtsdestotrotz befinden sich unter den zehn beliebtesten deutschen Radfernwegen ausschließlich solche entlang von Gewässern. Darunter sind neben acht Flussradwegen auch der *Ostseeküsten-Radweg* (Platz 4) und der *Bodensee-Radweg* (Platz 10) (ADFC, 2012b, S. 28).

Abbildung 5: Bevorzugte Landschaftstypen während einer mehrtägigen Fahrradtour

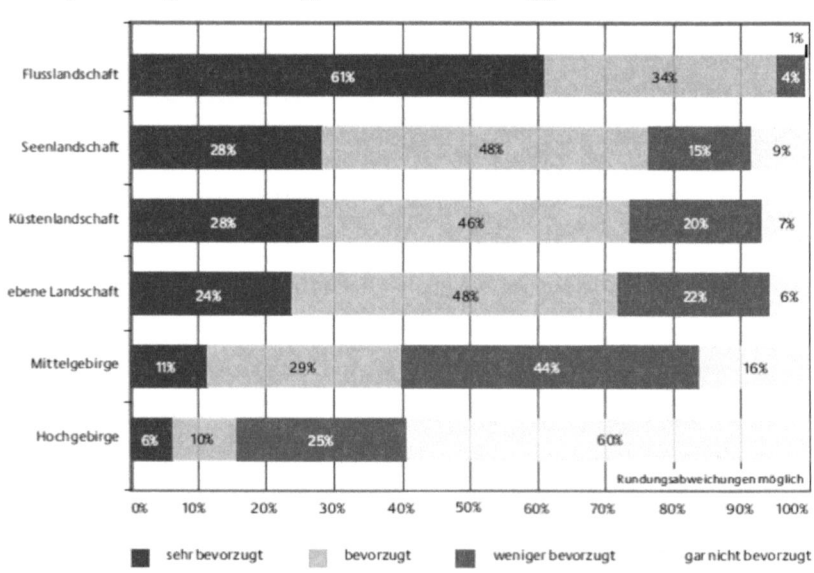

Quelle: BMWI (2009, S. 5) in Anlehnung an ETI (2007, S. 139)

Bei den Tagesreisen mit Fahrrad („*Radausflug*") dominieren absolut betrachtet jene Landschaftstypen mit dem größten Verbreitungsgrad und jene mit dem höchsten Gesamtaufkommen von Tagestouristen *(siehe Tab. 3)*. Fast die Hälfte der Radausflüge findet in den Ballungsgebieten statt. An zweiter Stelle stehen die gemäßigten Mittelgebirge unter 1.000 m (17 %), gefolgt von den Flusslandschaften (9 %) und den höheren Mittelgebirgen über 1.000 m (8 %) (BMWI, 2009, S. 42f.).

Tabelle 3: Fahrradtouristische Relevanz des Landschaftstyps bei Radausflügen

Landschaftsform	Zahl der empfangenen Tagesreisen insgesamt in Mio.	Fahrradtouristische Tagesreisen in Mio.	Anteil insgesamt in %
Ballungsräume	1.586	53,2	3,4
Mittelgebirge über 1.000 m	266	10,2	3,8
Mittelgebirge unter 1.000 m	575	27,0	4,7
Küstenregion	136	7,3	5,4
Alpenregion	82	7,3	8,9
Seengebiete	112	9,7	8,7
Flusslandschaften	303	15,7	5,2
Sonstige Landschaftsformen	344	22,6	6,6
Insgesamt	**3.404**	**153,0**	**4,5**

Quelle: BMWI (2009, S. 43)

Interessanter ist die Betrachtung der relativen Bedeutung des Fahrradtourismus in den jeweiligen Landschaftszonen *(siehe Tab. 3, Spalte 4)*. Diese wird vornehmlich von zwei Faktoren beeinflusst. Während sich Attraktivität und radtouristische Eignung positiv auswirken, schmälert ein breites touristisches Angebot den relativen Anteil des Radtourismus (BMWI, 2009, S. 40). Diese Rangordnung wird mit deutlichem Abstand von der Alpenregion (8,9 %) und den Seengebieten angeführt (8,7 %). Im Gegensatz zu den Seenlandschaften ist die Spitzenplatzierung der Alpenregion hinsichtlich ihrer Eignung für Fahrradausflüge verwunderlich. Ein Erklärungsansatz ist die für Mountainbiker prädestinierte Topographie. Noch bedeutsamer ist wahrscheinlich jedoch, dass in der Studie die Voralpen mit hinzugezählt wurden, deren hohe Zahl an Seen, Flusstälern und Moränenlandschaften wie geschaffen sind für Fahrradtourismus. Ferner verschleiert diese Statistik durch ihre Generalisierung, dass bestimmte

Radregionen (z.B. die Donau oder das Münsterland) einen deutlich höheren Anteil an Fahrradtouristen besitzen (BMWI, 2009, S. 42f.).

2.3 Das Elektrofahrrad und dessen Nutzung im Alltag

Als „Elektrofahrrad" oder „E-Bike" bezeichnet man ein Fahrrad mit einem Elektromotor (HOFMANN & BRUPPACHER, 2008, S. 50). Als eines der ersten Patente für elektrisch betriebene Fahrräder gilt Ogden Boltons U.S. Patent 552.271 aus dem Jahre 1895 *(siehe Abb. 6, links)* (MÜLLER & MÜLLER, 2011). Das 1946 vom Briten Benjamin Bowden entwickelte Elektrofahrrad wurde für kurze Zeit 1960 in Serie produziert. Die beim Bergabfahren gespeicherte Energie konnte am Berg wieder abgeben werden (Rekuperation) Allerdings wurde der hochpreisige *„Spacelander" (siehe Abb. 6, rechts)* schlecht angenommen, woraufhin man die Produktion nach nur ca. 500 Modellen wieder einstellte (ETRA, 2010, S. 37).

Abbildung 6: Das Elektrofahrrad: Frühes Patent (links) und serienreifes Produkt (rechts)

Quellen: *www.electric-bicycle-guide.com* (links); *www.wright20.com* (rechts)

In den frühen 1990er Jahren wurden erste marktreife Modelle vom Schweizer Hersteller *Velocity* und dem japanischen Konzern *Yamaha Motors* produziert. Den großen Durchbruch erzielte die Schweizer Firma *Biketec* mit dem *New FLYER* (2000) und der *FLYER C-Serie* (2003) – dem ersten Elektrofahrrad Europas mit Lithium-Ionen Akku-Technologie – und setzte damit neue Maßstäbe am Markt (*www.flyer.ch*, 2013; ULVAC, 2012, S. 11).

Heute erfüllen Elektrofahrräder gleich mehrere Bedürfnisse. Die Durchschnittsgeschwindigkeit eines E-bikes ist im flachen Gelände mit 24 km/h deutlich höher als auf einem gewöhnlichen Fahrrad (17 km/h) – und damit sogar höher als die Reisegeschwindigkeit eines Autos im Stadtverkehr (ETRA, 2010, S. 8). Ferner sorgen die außerordentlich energieeffizienten Räder dafür, dass der Nutzer bei steileren Anstiegen nicht in den „roten Bereich" gerät und somit ein Schwitzen und Keuchen bzw. ein Absteigen vom Fahrrad vermeiden kann (AUE BASEL-STADT, 2009, S. 1). Als weiche Faktoren zählen weiterhin die Bedürfnisbefriedigung nach einer vergleichsweise kostengünstigen und umweltfreundlichen Mobilität, eine einfache Bedienung (intuitive Funktionalität) und die Integrierbarkeit in den Alltag (die Akkus können einfach abgezogen und im Haus oder Büro aufgeladen werden). Im Grunde ist keine besondere Infrastruktur zwingend nötig, da ein Elektrofahrrad auch mit leerem Akku wie ein herkömmliches, wenn auch ca. zehn Kilogramm schwereres Fahrrad genutzt werden kann (PAETZ, LANDZETTEL, & FICHTNER, 2012, S. 37).

Zunächst verband man eine Verwendung von Elektrofahrrädern nur mit älteren oder körperlich weniger trainierten Menschen sowie mit steigungsreichen Strecken (DEMARRAGE, 2011, S. 14). Doch seit die Anbieter nicht nur die Technik verbesserten, sondern mehr und mehr das Design der zuvor als „Oma-Fahrzeuge" abgestempelten Räder revolutionierten, beobachtet man wie das E-Bike zum „Lifestyle-Vehikel" wurde. Zudem diversifizierten sich die Modelle für verschiedene Nutzungsansprüche (E-Mountainbike, Elektro-Stadtrad, Elektro-Lastenrad) (MIGLBAUER, 2012, S. 26). Einige begeisterte Radler kaufen sich zusätzlich zu ihrem Mountainbike, Rennrad und Trekkingrad noch ein E-Bike, da sie sich für solche Innovationen interessieren und die neue Erfahrung suchen. Die Mehrheit der Käufer sind dennoch ältere Radfahrer, welchen das E-Bike – auch auf flachen Radrouten – ein leichteres Radfahren ermöglicht. Somit können sie häufigere und längere Touren fahren (DEMARRAGE, 2011, S. 14).

Die repräsentative Online-Umfrage *Sinus Markt- und Sozialforschung GmbH* ergab, dass 8 % der deutschen Bevölkerung bereits Nutzungserfahrungen mit Elektrofahrrädern sammeln konnte. Interessant ist, dass E-Bikes in allen sozialen Milieus der (deutschen) Gesellschaft genutzt werden und sich der Anteil derjenigen mit Nutzungserfahrung zwischen den Milieus relativ wenig unterscheidet (6–13 %) (SINUS, 2011, S. 70, 99ff.).

2.3.1 Begrifflichkeiten

Zunächst sollte etwas über die Verwendung der Begrifflichkeiten gesagt werden, welche allesamt das Elektrofahrrad bezeichnen. In den Medien und im allgemeinen Sprachgebrauch wird am häufigsten der Begriff *E-Bike* verwendet. Es kursieren allerdings einige synonym benutzte Bezeichnungen. Diagramm 1 zeigt eine Liste der sieben meist verwendeten Begriffe anhand der Anzahl der Suchergebnisse auf deutschen Seiten in der *Google*-Suchmaschine *(www.google.de)* am 19.03.2013.

Diagramm 1: Synonyme für den Begriff "E-Bike"

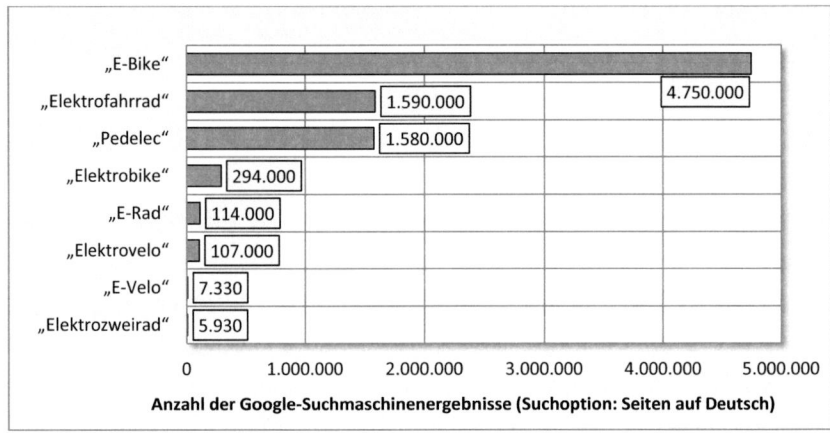

Quelle: Eigene Darstellung (2013)

Die Begriffe *E-Velo* und *Elektrovelo* werden hauptsächlich in der Schweiz verwendet. Bei einer Nutzerbefragung auf Rügen war der Begriff *Pedelec* nur 10 % der Befragten bekannt, die Bezeichnung *E-Bike* hingegen bei 60 % (ZASTROW, 2011, S. 80).

Obwohl alle Begriffe meist undifferenziert als allgemeine Überbegriffe für unterschiedliche Elektrofahrradkategorien gebraucht werden, bilden – rechtlich gesehen – das *Pedelec* sowie das *E-Bike* (im klassischen Sinne) spezielle Kategorien. E-Bikes bzw. Pedelecs sind beides „moderne Fahrräder mit elektrischer Trittverstärkung" (EFFERT, 2012, S. 14). Der entscheidende Unterschied von Pedelecs gegenüber E-Bikes ist die Funktion, dass hier der Motor nur unterstützend wirkt, wenn der Fahrer auch in die Pedale tritt. Das Fahrgefühl ist somit wesentlich fahrradähnlicher als bei E-Bikes (PAETZ, LANDZETTEL, & FICHTNER, 2012, S. 35).

Das P e d e l e c ist eine spezielle Form eines Elektrofahrrads. Der Begriff ist ein Kofferwort und setzt sich aus *Pedal Electric Cycle* zusammen. Erstmals wurde der Begriff 1999 in einer Diplomarbeit von Susanne Brüsch verwendet. Bereits 1992 brachte das schweizerische Unternehmen *Velocity* ein erstes Modell dieser Art auf den Markt (TIMMDORF, 2011, S. 21).

Als Pedelecs bezeichnet die EU Richtlinie 2002/24/EG des Europäischen Parlaments

> *„Fahrräder mit Trethilfe, die mit einem elektromotorischen Hilfsantrieb mit einer maximalen Nenndauerleistung von 250 Watt ausgestattet sind, dessen Unterstützung sich mit zunehmender Fahrzeuggeschwindigkeit progressiv verringert und beim Erreichen einer Geschwindigkeit von 25 km/h oder früher, wenn der Fahrer im Treten einhält, unterbrochen wird [...]"* (EURLEX, 2002).

Oder kurz:

> *„Ein Fahrrad mit Trethilfe durch einen Elektro-Hilfsmotor, [...] welcher die Tretkraft des Fahrers unterstützt."*

Das technische Konzept des hybriden Antriebs von Elektromotor und Muskelkraft wird als „Pedelec-Prinzip" bezeichnet. Die Stärke der Motorunterstützung kann in mehreren Stufen zugeschaltet werden. Erhält der Sensor an der Tretkurbel ein Signal, so wird der Elektroantrieb aktiviert und je nach Modus entsprechend gesteuert. Rechtlich wird das Pedelec einem gewöhnlichen Fahrrad gleichgesetzt und ist in Österreich, Deutschland und der Schweiz führerscheinfrei ab 14 Jahren zu fahren (vgl. MIGLBAUER, 2012, S. 26).

Ausnahmen bilden jene Pedelecs mit Anfahrhilfe bis 6 km/h und das sogenannte *S-Pedelec*, welches durch eine höhere Nennleistung (bis zu 500 W) eine Geschwindigkeit von bis zu 45 km/h möglich macht (ADFC, 2013). Diese „kraftvolle Variante" ist speziell für sportliche Fahrer konzipiert, für welche normale Pedelecs lediglich beim Anfahren und bei längeren Anstiegen einen deutlichen Leistungsgewinn bringen würden (SCHNEIDER, 2009, S. 5).

Im Gegensatz zum Pedelec ist das „E - B i k e " (im eigentlichen Sinne) ein Fahrrad, welches auch ohne Tretkraft des Fahrers durch einen Elektromotor angetrieben wird. Die Geschwindigkeit wird über einen Gasgriff bzw. Gashebel geregelt. Juristisch gesehen ist ein E-Bike nicht mehr mit einem gewöhnlichen Fahrrad gleichzusetzten, sondern mit einem Mofa. Dementsprechend bestehen hier Zulassungs-, Versicherungs-, und eine entsprechende Führerscheinpflicht (Mofa) *(siehe Anlage 2: Überblick über die*

Elektrofahrradkategorien in Deutschland). Somit muss man zur Benutzung eines E-Bikes mindestens 15 Jahre alt sein (MIGLBAUER, 2012). E-Bikes weisen meist eine Leistung zwischen 250 und maximal 500 Watt auf (AUE BASEL-STADT, 2009, S. 1). Sie werden rechtlich nicht als Fahrräder gehandhabt, sondern der Klasse der *Kleinkrafträder mit geringer Leistung* zugeordnet. Die Nutzer dieser Klasse benötigen daher ein Versicherungskennzeichen und eine Betriebserlaubnis (Mofa-Führerschein). E-Bikes dürfen nur auf Radwegen gefahren werden, wenn es das Zusatzschild „Mofas frei" erlaubt. Sie müssen somit auf viele touristische und landschaftliche schöne Wege verzichten. Während für Pedelec-Nutzer das gleiche Alkohollimit wie für Radfahrer gilt, unterliegen E-Bike-Fahrer den strengeren Grenzwerten für Kraftfahrzeugfahrer. Auch der Transport von Kindern in Anhängern ist ausschließlich für Fahrräder und somit für Pedelecs, aber nicht für E-Bikes erlaubt. In geeigneten Kindersitzen dürfen Kinder bis zu sieben Jahren auf allen Zweirädern mitgenommen werden (ADFC, 2012a).

Mehr als 95 % der in Deutschland verkauften Elektrofahrräder besitzen eine maximale Nenndauerleistung von 250 W und eine Höchstgeschwindigkeit von 25 km/h und sind daher rechtlich und technisch betrachtet eigentlich als *Pedelecs* zu bezeichnen (ZIV, 2012, S. 18ff.). Dennoch werden in der vorliegenden Arbeit – wie auch von Medien und Touristikern – die Begriffe *E-Bike* oder *Elektrofahrrad* synonym verwendet und stehen hierbei für jegliche Art von Fahrrad mit elektrischem Hilfsmotor *(inkl. Pedelecs)*.

2.3.2 Reichweite

Die Reichweite der E-Bikes ist im Gegensatz zum Auto theoretisch unbegrenzt, da, sollte der Akku leer werden, mit Muskelkraft weiter gefahren werden kann. Jedoch ist dieser Zustand keinesfalls erwünscht, weshalb die Industrie immer weiter an der Verbesserung der Akkus und somit der motorunterstützten Reichweite der E-Bikes arbeitet. Im Frühjahr 2012 wurden E-Bikes verschiedener Hersteller mit Reichweiten zwischen 60 km und 140 km beworben.[12] Stimmten diese Werte, spielte die Reichweite nur noch auf längeren Strecken bzw. auf Radtouren mit erheblichen Steigungsabschnitten eine nennenswerte Rolle. Jedoch ist davon auszugehen, dass die angegebenen Reichweiten Labor- bzw. Optimalwerte sind. In der Praxis ist die Reichweite relativ und wird von vielen Faktoren bestimmt. Ausschlaggebend ist vor

---

[12] Die Angaben stammen aus diversen Produktinformationen führender E-Bike-Hersteller

allem die Wahl der Motorunterstützungsstufe, das Gelände und der Grad der Eigenleistung (AUE BASEL-STADT, 2009, S. 1). Ferner sind Windrichtung, Beschaffenheit der Straßenoberfläche, Temperatur der Batterie, Reifendruck (*www.extraEnergy.org*, 2012), Fahrweise, Anfahrtshäufigkeit, Wetter und Zuladung bedeutende Faktoren (PARDEY, 2012, S. V7). Obwohl in den meisten Fällen die Reichweite einer Akkuladung nicht ausgeschöpft wird, besteht zur Erhöhung der Reichweite stets die Möglichkeit einen Zweitakku mitzunehmen (HIRT, 2012; SCHNEIDER, 2009, S. 5). Eine touristische E-Bike-Infrastruktur bietet in aller Regel Akkulade- und/oder Akkuwechselstationen *(siehe Kap. 2.4.2)*.

Eine experimentelle Studie von SCHNEIDER (2009, S. 5) ergab bei gleicher Nutzung, gleicher Preis- und Produktekategorie kaum Unterschiede zwischen einzelnen E-Bike-Modellen hinsichtlich der Reichweiten. Bei einem Bergtest mit verschiedenen Antriebs- und Akkumodellen wurden bei maximaler Belastung durchwegs Reichweiten von 35 km erreicht (ebd.) Folglich ist die Reichweite eines Akkus nur noch für lange Touren oder Bergtouren über 35km in die Planung einzubeziehen, vorausgesetzt der Akku hat seine ursprüngliche Kapazität nicht zu sehr eingebüßt. Wenige Modelle nutzen auch *Rekuperation* – Energierückgewinnung durch Bremsenergie – um die Reichweite zu erhöhen. Bezüglich der Reichweite konnte SCHNEIDER (2009, S. 5) allerdings keinen signifikanten Nutzen der Rekuperation feststellen.

2.3.3 Marktsituation von Elektrofahrrädern

Ein Elektrofahrrad kann in Deutschland bereits ab 699 € erworben werden. Je nach Qualität verläuft die Preisspanne bis ca. 5.000 €, in Einzelfällen auch deutlich darüber. Anfang des Jahres 2012 wurde im Durchschnitt 1.800 € für ein E-Bike bezahlt. Damit liegt die Zahlungsbereitschaft dreimal höher als der Durchschnittspreis eines herkömmlichen Fahrrads (PAETZ, LANDZETTEL, & FICHTNER, 2012, S. 37). Zusätzlich zu den Anschaffungskosten muss man nach etwa 500 bis 1.000 Akkuladeprozessen einen neuen Akku für ca. 400–800 € erstehen. Pro 100 km kommen noch einmal 8–20 Eurocent Stromkosten hinzu (ZWINGENBERGER, 2012, S. 1).

Der *Zweirad-Industrie-Verband* (*ZIV*) schätzt, dass auf den deutschen Straßen Anfang des Jahres 2012 rund 900.000 E-Bikes unterwegs waren. Somit ist das Geschäft mit E-Bikes auch von großem wirtschaftlichem Interesse. Der Branchenverband vermutet für das Jahr 2012 einen Absatz von weiteren 350.000 bis 400.000 Elektrofahrrädern und sieht mittelfristig einen Marktanteil von 15 % als wahrscheinlich (ZIV, 2012, S. 18f.; EFFERT, 2012, S. 14). In der Schweiz lag 2011 der Marktanteil von E-Bikes mit knapp 50.000 Rädern bei 14 % [+27 % / 2010] (VELOSUISSE, 2011). In Österreich wurden 2011 mit 32.000 [+60 % / 2010] (BIKE EUROPE, 2012; WKÖ, 2011) etwa genauso viele E-Bikes pro Kopf verkauft wie in Deutschland (PAETZ, LANDZETTEL, & FICHTNER, 2012, S. 35). 2011 hatten E-Bikes in Österreich einen Marktanteil von 7,3 %, in Deutschland bereits von 8 % (MIGLBAUER, 2012, S. 25). Relativ zur Bevölkerungszahl werden die meisten E-Bikes allerdings in den Niederlanden gefahren *(siehe Diagramm 2)*, welcher daher als Leitmarkt der Branche gilt. Hier hatten 2008 bereits 10 %, 2010 schon 15 % aller verkauften Fahrräder eine elektrische Tretunterstützung. Einige Experten gehen sogar von einem Potenzial von 30 % aus, was in Anbetracht der degressiven Zunahme der Marktanteile eher unwahrscheinlich wirkt (DEMARRAGE, 2011, S. 14; MIGLBAUER, 2011, S. 5).

Diagramm 2: Marktentwicklung von E-Bikes

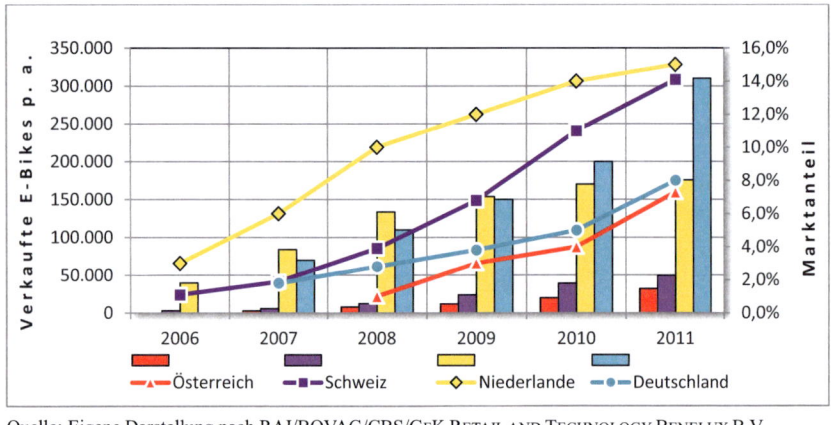

Quelle: Eigene Darstellung nach RAI/BOVAG/CBS/GfK RETAIL AND TECHNOLOGY BENELUX B.V. (2011); MIGLBAUER (2012); ADFC (2011); ZIV (2012, S. 4, 19)

Absolut und relativ existieren die meisten E-Bikes in der „Fahrradnation" China. Hier werden aktuell ca. 150 Mio. E-Bikes geschätzt. Diese gleichen allerdings eher Motorrollern, da die Pedale nur im Notbetrieb zu gebrauchen sind. Der Erfolg dieser mit nur 200–420 € sehr günstigen E-Bikes ist hauptsächlich mit dem Verbot oder der Beschränkung von Mopeds und Motorrädern in den 90 größten Städten des Landes zu begründen. In China scheint der große „E-Bike-Boom" allerdings schon vorüber zu sein. Da sich die Kontrollen und Richtlinien verschärft haben, gehen die Verkaufszahlen bereits deutlich zurück (*www.tagesschau.de*, 2010; *www.tagesschau.de*, 2012).

In Ländern mit einer weniger ausgeprägten Fahrradkultur[13] wie Frankreich (2011: 37.000 E-Bikes, Marktanteil: 1,2 %), Großbritannien (2011: 20.000 E-Bikes, Marktanteil: 0,6 %) sind E-Bikes derzeit noch ein Nischenprodukt (HARKER, 2012; KEAM, 2012).

Während (BADER et al., 2005, S. 9f., 38) in ihrer *Studie über die Ursachen des Nicht-Kaufs* 2005 noch resümierten, dass ein Durchbruch der Innovation E-Bike bisher nicht stattgefunden habe, zeigt ZASTROW (2011, S. 18ff.), anhand einer Lebenszyklusanalyse *(siehe. Kap. 2.1.2)* dass 2011 das E-Bike in Deutschland am Anfang der Wachstumsphase stand Die Analyse der Verkaufszahlen *(siehe Diagramm 2)* gibt jedoch Hinweise, dass sich Phasenzustände national unterscheiden. Während sich das E-Bike in Österreich und Deutschland noch in der Wachstumsphase befinden (progressives Wachstum), scheint das Produkt in der Schweiz und – noch weiter fortgeschritten – in den Niederlanden (degressives Wachstum) bereits in die Reifephase einzutreten.

2.3.4 Motive für die Benutzung eines E-Bikes

Beweggründe für die Nutzung eines E-Bikes sind mannigfaltig. Zunächst muss man differenzieren, je nach dem welches Verkehrsmittel (Fahrrad, Auto, ÖPNV) das E-Bike substituiert und ob es damit als *radikale* oder *inkrementelle Innovation* wirkt (vgl. ROMER & BERITELLI, 2006, S. 53ff.). Ersetzt ein E-Bike ein herkömmliches Fahrrad, spricht man von einem *intramodalen Wechsel*. In diesem Fall ist das Elektrofahrrad als inkrementelle Innovation zu bezeichnen, da für den Nutzer keine nennenswerte Verhaltensänderung nötig ist. Im Gegensatz dazu steht der *intermodale Wechsel*. Hier substituiert das Elektrofahrrad ein motorisiertes Verkehrsmittel, insbesondere den (Zweit-)Pkw, und wirkt somit als radikale Innovation, da es eine grundlegende Verhaltensänderung (etwa das Tragen spezieller Kleidung, je nach Wetterverhältnissen) verlangt (PAETZ, LANDZETTEL, & FICHTNER, 2012, S. 35; REICHENBACH, 2012, S. 20).

---

[13] Gemessen an den Fahrrädern pro Einwohner (Niederlande: 1,15; Deutschland: 0,76; Frankreich: 0,36; Vereinigtes Königreich: 0,36) (NEUPERT, 2011, S. 35)

Einer 2008 in der Schweiz erhobenen Studie zu Folge ersetzte das E-Bike dort zu 36 % das Auto (als Selbstfahrer), zu 21 % das Fahrrad, zu 18 % öffentliche Verkehrsmittel und zu 17 % motorisierte Zweiräder. Nur in sehr wenigen Fällen ersetzte das E-Bike den Gang zu Fuß, den Zug oder die Mitfahrt in einem Auto (OBSERVATOIRE UNIVERSITAIRE DE LA MOBILITÉ, 2009, S. 35). Eine ähnliche Verteilung liefert die jüngste Studie des *VCD* (vgl. 2013, S. 5) und zeigt vor allem, dass zwei Drittel der Nutzer mit dem E-Bike gleich mehrere Verkehrsmittel ersetzen. Laut dem Bregenzer Wirkungsforschung-Institut KAIROS (2010, S. 23) werde das Elektrofahrrad in Vorarlberg vor allem für Fahrten genutzt, welche zuvor mit dem herkömmlichen Fahrrad (52 %) bzw. dem Auto (35 %) angetreten wurden. In den Niederlanden ersetzte das E-Bike zu 45 % das Fahrrad und zu 39 % das Auto (EUROPEAN CYCLISTS FEDERATION, 2011, S. 25).

Als Alternative zum Auto bietet sich das E-Bike als ideale gesunde, umweltschonende und günstigere Variante an und könnte, da die meisten Fahrstrecken mit dem Pkw unter zehn Kilometer liegen, in Zukunft zumindest den Zweitwagen ersetzen. Der CO^2-Verbrauch eines E-Bikes ist etwa um den Faktor zwölf (EUROPEAN CYCLISTS FEDERATION, 2011, S. 11ff.)[14], die „Treibstoffkosten" um den Faktor 20 niedriger als jene eines Kleinwagens[15] (*www.pedelec-portal.net*, 2013). Darüber hinaus trägt der E-Bike-Nutzer zur Stauvermeidung bei (DEMARRAGE, 2011, S. 13) und geht auch dem Problem aus dem Weg, einen Parkplatz zu finden (ETRA, 2010, S. 9). Ein E-Bike zu fahren bedeutet also Vorreiter einer nachhaltigen Mobilität zu sein. Vor diesem Hintergrund kann das Elektrofahrrad für jene „intermodalen Wechsler", welche damit Autofahrten ersetzen, durchaus ein Statussymbol darstellen.

Der größte Motivationsfaktor des E-Bikes im Vergleich zum Fahrrad ist der höhere Komfort durch den geringeren Leistungsaufwand. Somit kann man durchaus Radtouren bewältigen, welche einen sonst an seine Leistungsgrenze bringen würden. Darüber hinaus kann man in der Regel vermeiden zu schwitzen, woraus sich der Vorteil ergibt, dass auf Radkleidung verzichtet werden kann (AUE BASEL-STADT, 2009, S. 1). Neben dem geringeren Körpereinsatz können auch eine Affinität zu neuen Technologien und Geschwindigkeit weitere Motive für die E-Bike-Nutzung sein (DEMARRAGE, 2011, S. 13).

---

[14] Pkw: 271 g CO^2/km; Pedelec 22 g CO^2/km – Diese Berechnung bezieht auch Produktions-, Wartungs- und Betriebskosten ein (EUROPEAN CYCLISTS FEDERATION, 2011, S. 11ff.)

[15] Berechnungsgrundlage sind 1,54 €/l Diesel bei einem Verbrauch von 5 l/100 km und ein Strompreis von 0,20 €/kWh (www.pedelec-portal.net, 2013).

2.3.5 Nutzungsgelegenheit

Eine weitere wichtige Unterscheidung ist die Nutzungsgelegenheit. Denn der Gebrauch des E-Bikes im Alltag und die Nutzung in der Freizeit sind „gegenwärtig zum Teil noch getrennte Parallelwelten" (MIGLBAUER, 2011, S. 19). Aus einer Analyse von Online-Beiträgen („Netnographie") zum Thema Elektrofahrrädern, lassen sich vier zentrale Motive für Kauf und Nutzung von Elektrofahrrädern bilden *(siehe Diagramm 3)*: Freizeitspaß, Transportfahrten, gesundheitsorientiertes Fahren und Pendelverkehr (PAETZ, LANDZETTEL, & FICHTNER, 2012, S. 34ff.).

Diagramm 3: Kauf- und Nutzungsmotive von Elektrofahrrädern in Online-Beiträgen

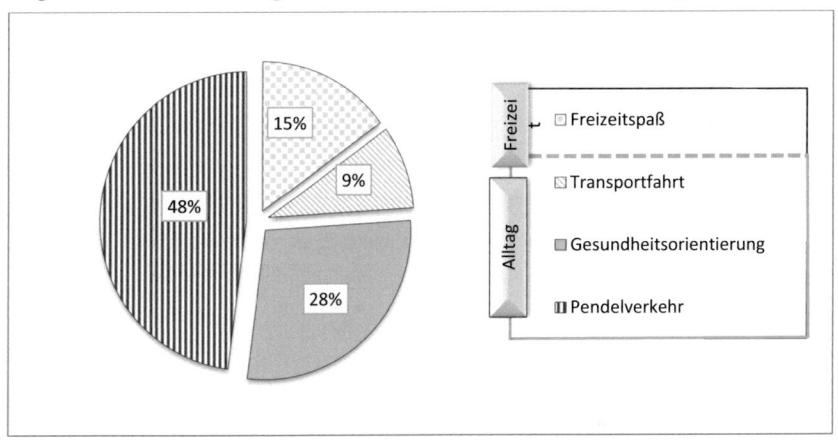

Quelle: Eigene Darstellung nach PAETZ, LANDZETTEL, & FICHTNER (2012, S. 36) [n = 194]

Nach dieser Studie aus dem Jahr 2012 waren die Pendler die am stärksten vertretene Gruppe. Pendler sind durch die steigenden Benzinpreise und durch die Möglichkeit sich umweltfreundlich fortzugbewegen motiviert, möchten aber nicht die Vorteile einer individuellen Mobilität aufgeben. Im urbanen Raum bietet das Elektrofahrrad häufig die Möglichkeit schneller als mit jedem anderen Fahrzeug aber dennoch unverschwitzt zur Arbeit zu gelangen. Die gesundheitsorientierten Elektrofahrradler stellen die ursprüngliche Zielgruppe dar. Mit dem E-Bike können Personen mit eingeschränkter Fitness ihren Körper trainieren ohne extreme Belastungen auf sich zu nehmen. Die kleinste Gruppe möchte den zusätzlichen Elektroantrieb nutzen um damit einfacher Lasten oder Zusatzgewicht (z.B. Einkäufe oder einen Anhänger mit Kind/ern) zu transportieren.[16] Nur 15 % werden der für die vorliegende Untersuchung interessanten Gruppe der Fahrradtouristen zugeordnet. Für sie steht der Spaß- und Freizeitfaktor an vorderster Stelle. Zwei allgemein gültige Motive für alle vier Gruppen sind Steigungen und Gegenwind (a.a.O., S. 135ff.).

In einer aktuellen Studie des *Verkehrsclubs Deutschland* (n =509) gaben 17 % an ihr Elektrofahrrad *zum Reisen* zu nutzen, während 76 % es für Ausflüge in der Freizeit gebrauchten (VCD, 2013, S. 4). Die Vorarlberger Studie unterschied nur in zwei Gruppen und bemaß dem Anteil des Freizeitverkehrs 30 % gegenüber dem Alltagsverkehr (69 %) zu (KAIROS, 2010, S. 5). Sicherlich ist bei allen Studien zu bemerken, dass eine Person das Elektrofahrrad i.d.R. für mehrere „Wegezwecke" nutzt.

Obwohl grundsätzlich jeder (ab 14 Jahren) ein Elektrofahrrad nutzen kann, sind hinsichtlich beschriebener Nutzungsmotive hauptsächlich folgende Nutzergruppen für das E-Bikefahren prädestiniert: Pendler, weniger sportliche Radfahrer, ältere Menschen[17] und Touristen (vgl. TIMMDORF, 2011, S. 19). Gewiss können sich die Nutzergruppen ebenso überschneiden. In der vorliegenden Untersuchung soll jedoch einzig näher auf die Nutzergruppe der Touristen eingegangen werden *(siehe Kap. 2.4).*

2.3.6 Soziodemographisches Profil von E-Bike-Nutzern

Eine umfassende und dennoch nicht repräsentative Studie zum soziodemographischen Profil von Elektrofahrrad-Nutzern wurde 2008 im urban und semi-urban strukturierten Schweizer Kanton Genf erhoben (n = 309). Bei einem Durchschnittsalter von 47 Jahren waren vier von fünf E-Bike-Nutzern zwischen 36 und 65 Jahre alt. Die größte Untergruppe (31 %) bildeten die 46–65-jährigen, jedoch dicht gefolgt von den Altersklassen 36–45 (28 %). Etwas geringer war das Alterssegment zwischen 56 und 65 Jahren vertreten. Mit 60 % überwog der weibliche Anteil der E-Bike-Nutzer leicht. Knapp zwei Drittel lebten im suburbanen Raum. Das Bildungsniveau war vergleichsweise hoch, 53 % hatten eine Hochschule besucht. Die Mehrheit benutzt das E-Bike um zum Arbeitsplatz zu gelangen (OBSERVATOIRE UNIVERSITAIRE DE LA MOBILITÉ, 2009, S. 14ff.). Die Ergebnisse decken sich hinsichtlich der Altersstruktur

---

[16] Einige berufliche Gruppen wie Postzusteller nutzen aus diesem Grund bereits spezielle Elektrofahrräder.

[17] Auch für viele Reha-Patienten stellt das E-Bike eine optimales Sportgerät dar (vgl. TIMMDORF, 2011, S. 19).

mit jenen einer deutschen Studie zu potenziellen E-Bike-Nutzern (vgl. T.I.P. BIEHL & WAGNER 2010, S. 4).

Eine aktuelle, jedoch ebenfalls nicht repräsentative Studie (n = 506) zeigt eine ähnliche Altersverteilung unter den E-Bike-Nutzern in Deutschland. Die größte Untergruppe bilden die 40–59jährigen (50 %). 41 % sind älter als 60 Jahre. Erstaunlich allerdings ist der mit 82 % deutlich höhere männliche Anteil unter den befragten Nutzern (VCD, 2013, S. 3).

2.4 Das E-Bike in der Tourismuswirtschaft

"Current trends [in tourism] are quality, individuality, flexibility, shorter and more frequent tours, luxury and asceticism, simplicity, and – as a recent product – E-Bikes"[18] (DEMARRAGE, 2011, S. 63).

Die Schweiz gilt nicht nur als Mutterland der E-Bikes, sie ist auch Vorreiter im E-Bike-Tourismus. Als einziges Land besitzt die Schweiz eine flächendeckend einheitliche touristische E-Bike-Infrastruktur. Der E-Bike-Markt wird hier von der Marke *FLYER* dominiert. Ihr Marktanteil hat sich von knapp 40 % im Jahr 2003 auf über 80 % im Jahr 2008 verdoppelt (HAEFELI & WALKER, 2008, S. 20ff.). In der Sommersaison besteht ein Netz aus 400 E-Bike-Vermietstationen, deren 2.000 „Miet-*FLYER*" alle mit dem gleichen Akkusystem (*Panasonic*) ausgestattet sind. Die Akkus können daher an den 600 Stationen landesweit kostenlos ausgewechselt werden, was ein sofortiges Weiterfahren ermöglicht und Nutzern die Angst vor einem „Stehen bleiben" nimmt (*www.flyer.ch*, 2013). Auch Touristen mit einem eigenen *FLYER*-Rad können vom umfangreichen Netz an Akkuwechselstationen profitieren, indem sie bloß einen Leih-Akku für die Zeit ihres Aufenthaltes mieten (*www.flyer.ch*, 2013).

Als erste speziell für E-Bikes geplante Radwanderroute entstand 2005 die *Herzroute*, welche in sieben Etappen im „Herzen der Schweiz" von Lausanne nach Zug führt (427 km; 6.400 hm). Mit durchschnittlichen 61 km und 915 hm pro Etappe und Höhenquotienten zwischen 9,4 und 19,6 (*www.herzroute.ch*, 2012) liegt sie damit deutlich über den Werten herkömmlicher Radwander-Tagestouren. Das „Elektrovelo"

---

[18] Dt. Übersetzung: *Die aktuellen Tourismustrends sind Qualität, Individualität, Flexibilität, kürzere und häufigere Touren, Luxus und Asketismus, Einfachheit – und als jüngstes Produkt – Elektrofahrräder.*

ermöglicht jedermann eine Radwandertour, welche mit normalem Rad nach dem *Eurobike-Systemstandard©* der Skalierung Radwandern in die Kategorie *Mittelschwer* bis *Schwer* eingestuft würde *(siehe Kap. 2.2.3)* (BIEDERMANN, 2008, S. 5). Alle 25 km befindet sich auf der noch heute beliebtesten Schweizer „Velowanderroute" eine Akkuwechselstation (MIGLBAUER, 2011, S. 69).

Zahlreiche Tourismusdestinationen in Deutschland und Österreich erweiterten ebenfalls ihr touristisches Angebot durch unterschiedliche E-Bike-Konzepte. Destinationen, welche Radtourismus bereits als Kerngeschäft betreiben, E-Bike-Angebote auf der Grundlage bestehender Radrouten-Infrastruktur als weiteres Segment ein (vgl. MIGLBAUER, 2011, S. 28). Meist sind diese Konzepte regional begrenzt. Als einzige Radfernwege bieten der *Weser-Radweg* (System: Akkuwechselstationen) und der *Radweg Berlin-Kopenhagen* (System: Ladestationen) einheitliche überregionale E-Bike-Konzepte.

Bei der Verteilung der Regionen mit einem E-Bike-Angebot, lässt sich allerdings kein Muster erkennen. Sowohl Destinationen in ebenen Regionen in Mittelgebirgen und auch in alpinen Regionen setzten auf E-Bikes. Die Karte der *movelo*-Regionen *(siehe Abb. 7)* erweckt den fälschlichen Anschein, dass es noch große Lücken in der touristischen „E-Bike-Landschaft" gibt. Mit großer Wahrscheinlichkeit hätte eine Karte mit der Verteilung von E-Bike Angeboten heute kaum noch Lücken. Denn zum einen gibt es noch andere Anbieter touristischer Elektromobilität, zum anderen haben viele Destinationen selbst ein E-Bike-Angebot aufgebaut. Dabei ist zu beachten, dass Struktur, Ausmaß und Qualität der jeweiligen Angebote sehr unterschiedlich ausfallen können.

Allein in Tirol bieten mittlerweile rund 20 Tourismusverbände E-Bikes im Verleih an. Der Pionier unter diesen ist die Destination *Serfaus-Fiss-Ladis*, welche sich bereits seit 2008 als E-Bike-Region bezeichnet. Der Zusammenschluss von zehn Destinationen *e-BikeWelt Kitzbüheler Alpen – Kaisergebirge"* zählt 310 Leih-E-Bikes, 80 Verleihstationen und 59 Akku-Wechselstationen und nennt sich selbst „größte E-Bike-Region der Welt" (*www.e-BikeWelt.de*, 2013). In der Regel versuchen die alpinen Destinationen jedoch ihre E-Bike-Touristen in den Tälern, auf den Plateaus sowie über die niedrigeren Hügel und Bergkuppen zu leiten, anstatt ihnen das Erklimmen der hochalpinen Höhenstufe zu ermöglichen. Der Grund dafür ist nicht die Überwindung der vielen Höhenmeter bergauf, sondern das Bergabfahren, dessen Fahrtechnik die neuen Radgäste überfordert. Die Urlaubsregion *Schladming-Dachstein* ging hingegen einen alternativen Weg. Hier soll bewusst ein sportlicheres E-Bike-Publikum angesprochen werden, weshalb die Wegeführung durchaus anspruchsvoller geplant und unter anderem an E-Mountainbikes angepasst ist *(siehe Kap. 0)* (MIGLBAUER, 2012).

Gewöhnlich sind Radreisen von Veranstaltern nicht exklusiv für E-Bike-Fahrer konzipiert, sondern bieten Elektrofahrräder fakultativ gegen Aufpreis an. Einzelne Veranstalter setzen allerdings gänzlich auf geführte E-Bike-Touren. So etwa *akzent reisen* oder das Joint Venture von *movelo* und des Münchner Busreiseveranstalters *Geldhauser*. Durch den vom Elektroantrieb ermöglichten Leistungsausgleich zwischen unterschiedlich konditionierten Radlern, lässt sich der Reiseverlauf von Gruppenradreisen besser planen (MIGLBAUER, 2011, S. 22). Die Strecken sind in der Regel so gewählt, dass die Gäste mit einer vollen Akkuladung den Tag über auskommen und den Akku nachts an der Steckdose in der Unterkunft laden können. Eine spezielle E-Bike-Infrastruktur *(siehe Kap. 2.4.2)* ist deshalb in den meisten Fällen nicht notwendig.

Darüber hinaus bieten Incoming-Agenturen verschiedene E-Bike-Pauschalen für Individualreisende an. Dazu zählen sowohl Standortreisen als auch mehrtägige Radwandertouren mit E-Bikes (FRITSCH, 2011, S. 10). Allerdings sind spezielle E-Bike-Pauschalangebote für 79 % der E-Bike-Touristen keine Vorrausetzung für eine Buchung (TRENDSCOPE, 2012c, S. 9).

2.4.1 Nutzen und Ziele von Elektrofahrrädern für Tourismusdestinationen

Tourismusdestination versprechen sich durch ein E-Bike-Angebot verschiedene Vorteile und verfolgen unterschiedliche Ziele, welche hier in Anlehnung an DREYER (2012, S. 6), und MIGLBAUER (2012, S. 29) gegliedert werden.

- **Profilierung als Radregion**
  Einige Destinationen, welche bisher – abgesehen von Mountainbikern – kaum von Radtouristen besucht wurden, sehen das Elektrofahrrad als Chance sich durch diese qualitative Erweiterung ihres Angebots eine neue Besucherklientel zu erschließen und auf dem Markt der Radregionen in den Wettbewerb einzutreten. Dazu gehören in erster Linie Mittelgebirgsregionen wie Westerwald, Sauerland oder Schwarzwald *(siehe Kap. 3.1.2)* aber auch Hochgebirgs-

destinationen wie Kitzbühel oder die Urlaubsregion *Schladming-Dachstein* *(siehe Kap. 0)*.

- **Erschließung des „Hinterlandes"**
Fahrradtouristische Top-Destinationen versuchen ihre Gäste durch die quantitative Erweiterung der Radstrecken länger in der Region zu halten. Die elektrische Leistungsunterstützung wird dazu genutzt, auch Gebiete abseits der touristischen Hauptströme zu erschließen, welche aber durchaus Steigungen beinhalten. Diese Strategie wird vornehmlich von Destinationen mit Flussradwegen wie etwa im *Lieblichen Taubertal (siehe Kap.3.1.1)* verfolgt.

- **Erweiterung des Aktiv-Segments**
E-Bikefahren als neue Aktivität. Darauf bauen vor allem Gesundheits- und Wellnessdestinationen, deren meist ältere Gästeklientel körperliche Aktivität mit Genuss verbinden möchte. Beispiele sind etwa Oberstaufen im Allgäu, die *Ferienregion Böhmerwald* oder die *Buckelige Welt* südlich von Wien.

Ungeachtet dessen, welches Ziel eine Tourismusdestination verfolgt, steigert ein innovatives E-Bike-Angebot nachhaltig die Attraktivität der Region. Zudem können Kommunen ihre „Nachhaltigkeitsstrategie" durch eine Verminderung des CO^2 Ausstoßes verbessern. Die einzelnen Gastwirte gewinnen ein weiteres interessantes Angebot für ihre Gäste hinzu (KALOVEO, 2012). Viele Regionen erhoffen sich unter anderem, dass eine neue Zielgruppe angesprochen wird – die bisherigen „Nicht-Radler" (MOVELO GMBH, 2012). Ob das E-Bike-Verleihangebot mittelfristig rentabel ist, lässt sich schwer mit Sicherheit beantworten. Zumindest ist es eine Investition in das Angebot für den Gast, da es ihm die Möglichkeit bietet die Natur vor der Hoteltüre aktiv zu erleben (FRITSCH, 2011, S. 13).

2.4.2 Touristische E-Bike-Infrastruktur

Tourismusregionen arbeiten häufig mit professionellen Anbietern touristischer Mobilitätskonzepte zusammen *(z.B. movelo)*. Alternativ etablieren andere Destinationen ihr eigenes touristisches E-Bike-Konzept, meist in Zusammenarbeit mit einem oder mehreren regionalen Radhändlern, Beherbergungsbetrieben und weiteren Leistungsträgern wie z.B. regionalen Sponsoren (oft Stromversorger).

Die E-Bike-Infrastruktur verlangt zunächst die gleichen Voraussetzungen wie jene für den herkömmlichen Fahrradtourismus (Radverleih und Reparaturwerkstätten, Übernachtungs- und Gastronomiebetriebe). Elementar sind geeignete Wege, welche eine sinnvolle Art der Wegeführung und eine annehmbare Oberfläche aufweisen. Darüber hinaus ist eine Radwegweisung gefragt, damit das Radfahren und nicht die Orientierung im Vordergrund steht. E-Bike-Touristen sind generell etwas anspruchsvoller als herkömmliche Fahrradfahrer (TRENDSCOPE, 2012c, S. 11). Destinationen mit einem E-Bike-Angebot benötigen darüber hinaus zwei zusätzliche obligatorische Elemente. Einen Elektrofahrradverleih und ein ausreichend dichtes Netz aus Akkuladestationen bzw. Akkuwechselstationen.

Elektrofahrradverleihsysteme

Zahlreiche Tourismusdestinationen bieten neben einem herkömmlichen Radverleih auch den Verleih von Elektrofahrrädern an und setzen damit bewusst auf den weniger sportlich ambitionierten Gast. Neben Radgeschäften verleihen auch immer mehr Beherbergungsbetriebe E-Bikes. Analog zum Fahrrad richtet sich das Verleihangebot primär an den „Fahrradtouristen im weiteren Sinn" *(Urlaubsradler)*, für welchen Radtouren bzw. Radausflüge nur eine von mehreren Aktivitäten darstellt. Die Entscheidung für die Miete fällt also meist erst während des Urlaubs (BMWI, 2009, S. 110). Destinationen mit touristischem E-Bike-Konzept setzen auf unterschiedliche Verleihsysteme. Diese können von privaten Unternehmen als auch von Kommunen betrieben werden. Besonders im städtischen Raum existieren auch öffentliche E-Bike-Verleihsysteme (TIMMDORF, 2011, S. 46). Die für den Radverleih mit einem Mehraufwand verbundene „One-Way-Miete", bei der das Rad auch bei einem anderen Radverleih zurückgegeben werden kann, wird beim Verleih von E-Bikes nur selten und gegen einen erhöhten Kostenaufwand angeboten (vgl. BMWI, 2009, S. 111).

Aufgrund hoher Anschaffungskosten, einer komplexeren Wartung und begrenzter Reichweite der E-Bikes wird der Verleih häufig spezialisierten Dienstleistern übertragen bzw. eine Kooperation mit einem solchen eingegangen. Im deutschsprachigen Raum haben sich mehrere solche Anbieter touristischer Elektromobilität etabliert. Pionier und Marktführer unter den Dienstleistern ist die *movelo GmbH* aus Bad Reichenhall (FRITSCH, 2011, S. 9f.). Da das Unternehmen Kooperationspartner der Untersuchungsregion am Dachstein ist, wird sie im Anschluss näher vorgestellt. Andere auf Elektrofahrräder spezialisierte Anbieter sind *Wondervelo* und *Fahrrad XXL Rent-E-Bike* in Deutschland und *KALOVEO* (A), *Velo Vital* (A) und *Happy Bike* in Österreich (vgl. FRITSCH 2011, S. 9-13).

Akkulade- und Akkuwechselstationen

Obwohl man mit einem E-Bike nicht „stehen bleiben" kann, verlangt das Sicherheitsbewusstsein des E-Bike-Touristen ein relativ engmaschiges Netz aus Akkulade- bzw. Akkuwechselstationen als „psychologische Leuchttürme". Die Stationen befinden sich meist an Serviceorten wie Gastbetrieben, Bergstationen oder Tourist-Informationen. Die Betriebe profitieren davon ebenfalls, da der E-Bike-Tourist in der Regel etwas konsumiert. Erfahrungswerte aus der Schweiz beziffern den Anteil an Konsumenten mit 70,7 %. Besonders für individuelle Etappen-Radler sollten je nach Topographie in sicheren Abständen gut wahrnehmbare Auflade- bzw. Akkuwechselmöglichkeiten als Infrastrukturelement zugänglich sein (MIGLBAUER, 2011, S. 42, 77). Die Anzahl der Stationen sollte von der Topographie der Region abhängig sein – je steiler das Gelände, desto geringer die Entfernung zwischen den Stationen. Im ebenen Terrain reiche eine Station alle 25–40 km aus (ebd.).

Laut MIGLBAUER (2011, S. 73) haben Akkuladestationen eine „gespaltene Bedeutung", da sie zwar faktisch kaum genutzt, aber dennoch von E-Bike-Touristen gefordert werden. In den meisten Fällen, besonders in nicht allzu steilem Terrain, reiche eine Akkuladung i.d.R. aus bzw. seien die E-Bike-Routen der Akkureichweite entsprechend ausgelegt. Ginge eine Akkuladung dennoch zur Neige, verwehre sich in der Regel kein Gastwirt, wenn ein E-Bike-Fahrer nach einer Steckdose zum Akkuladen frage. Auch HARTENSTEIN (2012) bestätigt, dass Akkuladestationen zwar wichtig für die Psychologie der Touristen seien, aber relativ wenig genutzt werden.

Häufig werben Tourismusbetriebe damit, einen Akku-Ladeservice anzubieten bzw. „Akkuladestation" zu sein. In den meisten Fällen sind hiermit keine Qualitätskriterien verbunden. Sie bieten daher oft nichts anderes wie das kostenlose Auflagen des Akkus an einer herkömmlichen Steckdose an. Aufgrund einer Vielzahl ungleicher Akku- und Ladesysteme auf dem Markt benötigt fast jedes Akkusystem ein spezielles Ladegerät, welches der E-Bike-Fahrer somit störenderweise selbst mitführen muss. Infolge dieses Nachteils werden auch öffentliche „Stromtankstellen" wenig angenommen. Ein weiteres

Manko öffentlicher Ladestationen ist, dass der teure Akku und Ladegerät während des Aufladens unbeaufsichtigt und vom Wetter ungeschützt sind, da im Normalfall die Akkus vom Rad abgenommen werden müssen. Eine einzigartig Alternative bietet hier das Hochköniggebiet, welches weltweit als erste E-Bike-Region, ein E-Bike-Tankstellennetz installiert hat, welches mit allen gängigen Akku-Systemen kompatibel ist (WEINDL, 2012).

MIGLBAUER (2011, S. 30, 73) nimmt an, dass die Bedeutung der Ladestationen, sofern sie nicht mit einem Service verbunden sind, abnehmen werde, da mit der Erfahrung die „psychologische Angst vor dem Stehenbleiben" sinke. Nur eine höhere Anzahl von Radwanderern mit eigenen E-Bikes, könne den Ladestationen auf den Etappen-Routen zukünftig einen höheren Stellenwert bringen.

Akkuwechselstationen hingegen sind für den E-Bike-Touristen deutlich vorteilhafter, da dieser somit keine Wartezeit von mindestens zwei Stunden[19] überbrücken muss, bis sein Akku wieder geladen ist. Für Fahrer eines eigenen E-Bikes sind Wechselstationen nur nützlich, wenn das eigene E-Bike das gleiche Akkusystem besitzt und die Möglichkeit besteht, für diesen Fall einen Extra-Akku auszuleihen. Gerade E-Mountainbike-Angebote setzten häufig auf ein Akkuwechselsystem, da in steilem Gelände die Reichweite des Akkus deutlich sinkt.

<u>movelo</u>

Die 2005 gegründete *movelo GmbH* mit Sitz in Bad Reichenhall ist Europas größter Anbieter touristischer Elektromobilität. In Kooperation mit dem Schweizer Hersteller *Biketec* (Marke: *FLYER*) bietet die Firma *movelo* Tourismusregionen ein „All-Inclusive-Paket" mit Finanzierungs- und Vertriebskonzept zur Vermietung von Elektrofahrrädern. Darüber hinaus übernimmt *movelo* auch zahlreiche Marketingaktivitäten (z.B. Messeauftritte, Werbematerialien, Eintrag in *movelo*-Website). Die erklärten Zielgruppen sind sowohl „Nicht-Radfahrer", welchen ein völlig neues Urlaubserlebnis geboten werden soll, als auch Eigentümer von E-Bikes der Marke *FLYER* (MOVELO GMBH, 2012). *movelo* kooperiert mit den zentralen Tourismusorganisationen.

---

[19] Eine vollständige Ladung dauert je nach Akku etwa 2-4 Stunden (*www.e-bikeinfo.de*, 2012). Manche sog. „Power Charger" können den Akku innerhalb der ersten Stunde zu 50 % laden (*www.bosch-ebike.de*, 2013).

Zusammen binden sie lokale Leistungsträger wie Beherbergungsbetriebe, Fahrradhändler und Freizeiteinrichtungen als Verleih- und/oder Akkuwechselstationen ein und schaffen unter der Dachmarke *movelo* ein regionales Netzwerk touristischer E-Bike-Infrastruktur (vgl. FRITSCH, 2011, S. 10). Der besondere Mehrwert einer *movelo Region* für den E-Bike-Touristen liegt in den Akkuwechselstationen, an welchen der Akku des Leih-E-Bikes kostenlos gegen einen geladenen Akku getauscht werden kann. Dies funktioniert, indem Radverleihbetriebe – die *movelo Partner* – nur Elektrofahrräder der Schweizer Marke *FLYER* verleihen, sodass alle Modelle mit dem gleichen *Panasonic*-Akkutyp kompatibel sind.

Die *movelo GmbH* stellt den Leistungsträgern (Gaststätten, Hotels, Radhändler) gegen eine Leasing-Gebühr die E-Bikes bzw. die Wechselakkus zur Verfügung und übernimmt die Kosten für Versicherung und jährliche Wartung. Die Pedelecs, S-Pedelecs und Akkus werden zum Saisonstart zwischen April und Juni ausgeliefert und zum Ende der Radsaison Ende September bzw. Oktober wieder eingesammelt. Die Tourismusdestination zahlt für das „*movelo*-All-Inklusive-Paket" eine einmalige Pauschale. Während die Region einen Dreijahresvertrag mit movelo abschließt, können die Leistungsträger sich jedes Jahr neu entscheiden, ob sie erneut partizipieren möchten. Gleichzeitig können jedes Jahr neue Verleih- und Akkuwechselbetriebe hinzukommen (FRITSCH, 2011, S. 10).

Die erste *movelo* Region entstand 2006 mit zehn Verleihstationen im Berchtesgadener Land. Im April 2013 bestanden 80 *movelo Region* Regionen in Deutschland und Österreich *(siehe Abb. 7)*. Einzelne Regionen befinden sich außerdem im deutschsprachigen Teil Belgiens, im Elsass, im Trentino und in Katalonien. Die *movelo GmbH* unterhält dort ca. 1.148 Akkuwechselstationen und an 1.532 Verleihstationen rund 5.000 E-Bikes (MOVELO GMBH, 2013). Im Jahr 2010 nutzten durchschnittlich rund 35.000 Personen pro Monat ein Elektrofahrrad von *movelo* (FRITSCH, 2011, S. 10). Obwohl das *movelo*-Prinzip aus der Schweiz übernommen wurde, ist das „Mutterland des E-Bikes" keine offizielle *movelo*-Region, da der *FLYER*-Verleih dort gänzlich vom Hersteller *Biketec* übernommen wird *(siehe Kap. 2.4)*. Ein grenzübergreifender Akkutausch sei in einigen Regionen (z.B. im Bodenseeraum) jedoch problemlos möglich, bestätigt HÖLLBACHER (2012), Regionalmanagerin der *movelo GmbH*.

Abbildung 7: *movelo*-Regionen 2013

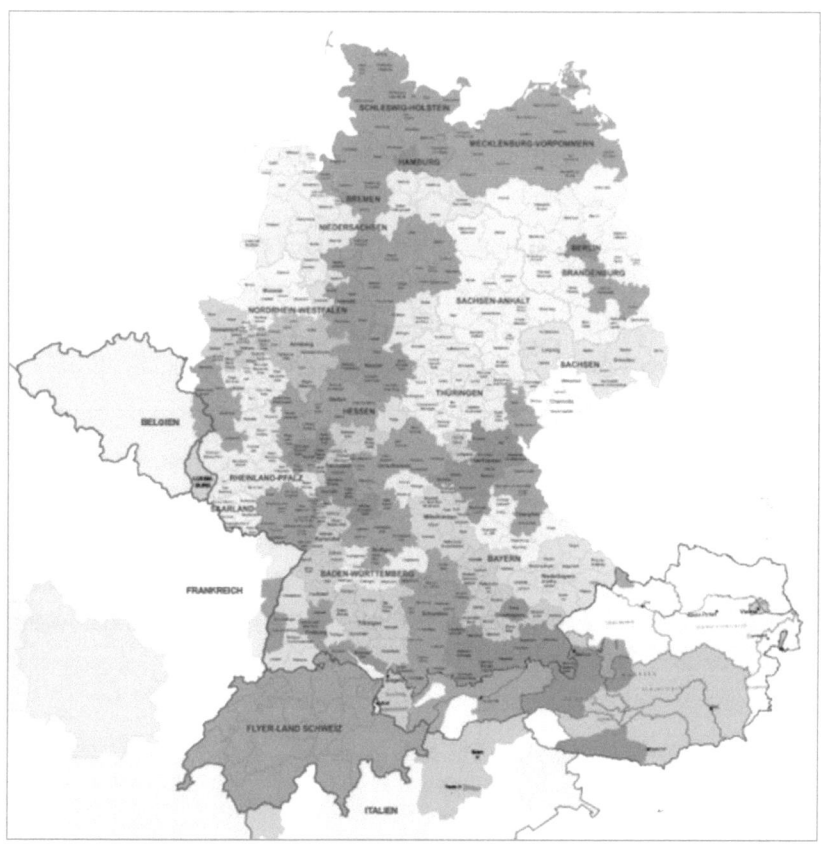

Quelle: MOVELO GMBH (2013)

2.4.3 Die touristische Nachfrage

Analog zum Gebrauch des Elektrofahrrads im Alltag, steigt auch im Fahrradtourismus die Nutzung von E-Bikes von Jahr zu Jahr. 2012 besaßen in Deutschland bereits 6 % aller Radtouristen ein Fahrrad mit Elektrounterstützung, bei Radwanderern lag der Anteil sogar bei 9 %. Zwei Drittel nutzten ihr E-Bike auch im Radurlaub. Während 2010 noch 42 % derjenigen Radurlauber, die kein E-Bike besaßen, eine Nutzung kategorisch ausschlossen, verringerte sich dieser Anteil 2012 auf 24 %. Der Anteil derjenigen, die sich zukünftig den Gebrauch eines E-Bikes vorstellen können, stieg von 35 % auf 39 % (TRENDSCOPE, 2010, S. 71; TRENDSCOPE, 2012c, S. 9). Unter diesen „potenziellen Adoptern" könnten sich 55 % für Tagesausflüge, 51 % für Ausflugstouren im Urlaub und 38 % für einen Radurlaub mit einem Elektrofahrrad begeistern (T.I.P. BIEHL & WAGNER, 2010, S. 14).

Meistens wandelt erst der Praxistest das Interesse maßgeblich (vgl. HOFMANN & BRUPPACHER, 2008, S. 51). Sobald Touristen zum ersten Mal ein E-Bike ausprobiert haben, ist die Begeisterung sehr hoch (vgl. NEUPERT, 2011, S. 21ff.). Auf Rügen hatten vor der ersten E-Bike-Tour 40 %, nach der Tour 92 % der Radtouristen eine positive Einstellung zum neuen Fortbewegungsmittel (8 % empfanden es als „eher positiv") (ZASTROW, 2011, S. 90). Auch Befragung von E-Bike-Touristen im Südschwarzwald im Jahre 2009 ergab, dass 100 % der Befragten noch einmal E-Bike fahren und es weiterempfehlen würden (PUSSAK & SCHULDT, 2009, S. 14).

Aufgrund des noch jungen Bewährungszeitraumes sind die Erfahrungswerte noch sehr gering. Allgemein verzeichnen die Tourismusbetriebe aber immer mehr Anfragen (MIGLBAUER, 2011, S. 20). Die einzige repräsentative Studie von 2010 ergab, dass in Deutschland schon damals 12 % aller Radurlauber ein E-Bike bzw. Pedelec nutzten (TRENDSCOPE, 2010, S. 19). Bei Radreiseveranstaltern bildet gegenwärtig der E-Bike-Tourismus mit einem Anteil von ca. 4-5 % (steigend) in der Regel noch kein eigenes Segment (MIGLBAUER, 2011, S. 22).

2.4.4 Motive für die touristische E-Bike-Nutzung

Grundsätzlich überschneiden sich einige Motive mit jenen von „Alltags-E-Bikern". Denn auch im Tourismus liegt „das zentrale Motiv des Gebrauchs von Elektrofahrrädern […] darin, Strecken ohne größere körperliche Anstrengung zurückzulegen" (DREYER, 2012, S. 6). „Dass mit dem E-Bike nun auch jene [Rad] fahren, die bislang die Steigungen auf Radtouren oder den Wind scheuen – diese Erklärung greift zu kurz!", behauptet der Experte für E-Bike-Tourismus ERNST MIGLBAUER (2011, S. 18).

Die Nutzungsmotive für E-Bike-Touristen sind breit gestreut und unterscheiden sich je nach Destinationswahl *(siehe Kap. 2.2.4)*. Laut *movelo GmbH* entscheide darüber in erster Linie die Topographie der Region. Im flacheren Norden Deutschlands, wo häufig starker Gegenwind auftritt, „kann man mit dem E-Bike mühelos mit ‚Rückenwind' durch die Landschaft radeln." Im Mittelgebirge sei es die Motivation ohne Überanstrengung Steigungen zu überwinden, die der Gast mit dem normalen Fahrrad nicht schaffen würde. So könnten mit dem E-Bike „untrainierte Gäste […] oder Gäste, die sich nicht anstrengen wollen [...] Ausflugsziele in mittleren Höhen ‚mit einem Lächeln erfahren'" (HÖLLBACHER, 2012).

Unabhängig vom Landschaftstyp, hat der E-Bike-Tourist die Möglichkeit schneller und bequemer zu touristisch interessanten Zielen zu gelangen. Gerade für Radfahrer mit erheblichem Zusatzgewicht (z.B. Tourenradgepäck, Kinderanhänger) kommt der zusätzliche Elektroantrieb gelegen. Dieser kann auch als physischer Ausgleichsfaktor eingesetzt werden, wenn die Teilnehmer einer Radgruppe (Paare, Gruppenreisen, Betriebsausflüge) unterschiedlich konditioniert sind. Die Ambitionierteren können ein gewöhnliches Fahrrad wählen, während die weniger Sportlichen auf das E-Bike zurückgreifen. Gerade hinsichtlich des demografischen Wandels bietet das Elektrofahrrad eine sportliche Alternative für die zunehmende Anzahl betagter Touristen (PAETZ, LANDZETTEL, & FICHTNER, 2012, S. 36). Freizeit und Urlaub bieten zudem ungezwungene „Erlebnisräume" und eignen sich daher optimal um etwas Neues – wie E-Bikefahren – auszuprobieren (LE BRIS, 2011, S. 13). Darüber hinaus mache die E-Bikefahren einfach Laune, betont MIGLBAUER (2011, S. 17ff.).

Einer aktuellen Studie von TRENDSCOPE (2012c, S. 102) zufolge ergeben sich für Radurlauber mit E-Bike vor allem drei wesentliche Veränderungen gegenüber dem bisherigen Gebrauch eines Fahrrads *(siehe Diagramm 4)*. Sie fahren schneller, bewältigen längere Strecken und wählen auch Routen mit mehr Steigungen. Aufgrund der geringen Fallzahl (n = 58) sind die Ergebnisse allerdings mit Vorsicht zu betrachten.

Diagramm 4: Veränderung des Fahrverhaltens durch E-Bikes

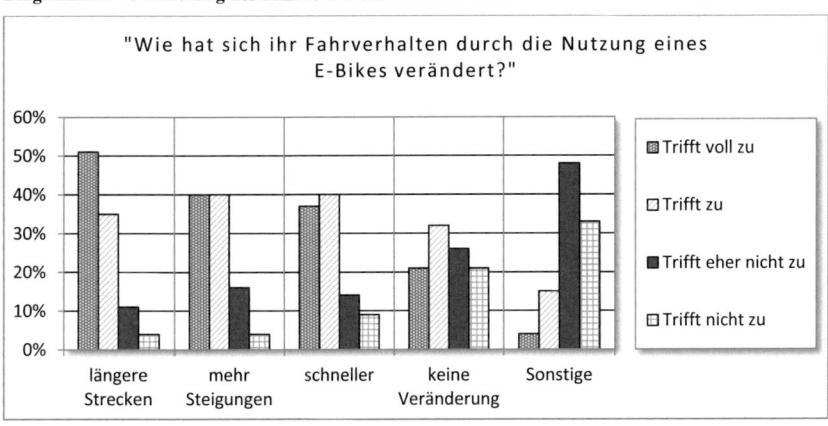

Quelle: Eigene Darstellung nach TRENDSCOPE (2012c, S. 102) [n = 58]

2.4.5 Typologisierung von E-Bike-Touristen

MIGLBAUER (2011, S. 23) unterscheidet zwischen zwei Typen von E-Bike-Touristen: Der *Genuss-E-Biker* und der *Sportliche E-Biker*. Die *Genuss-E-Biker* bilden derzeit den überwiegenden Anteil. Ihre Hauptmotive seien *„Noch-mit-halten-Können"*, *Genießen Bewegung* und *Fitness*. Auch die *movelo GmbH* als größter Anbieter touristischer E-Bike-Infrastruktur *(siehe Kap.2.4.2 2.4.2)* hat die Erfahrung gemacht, dass der E-Bike-Fahrer „[...] grundsätzlich ein Genussmensch [ist], der nicht möglichst schnell von A nach B kommen möchte, sondern während seiner Radtour auch den Atem haben möchte, die Landschaft, Sehenswürdigkeiten und auch die Kulinarik einer movelo-Region zu genießen" (HÖLLBACHER, 2012).

Dem *Genuss-E-Biker* gegenüber steht das sich bislang noch eindeutig in der Minderheit befindliche Segment der *Sportlichen E-Biker*. Ihre Hauptmotivation ist vor allem der Spaß am Radfahren in bergigen Regionen (MIGLBAUER, 2011, S. 23f.). Besonders in anspruchsvollen Passagen werde die Motorunterstützung gerne genutzt, so WEINDL (2012). MIGLBAUER (2011, S. 23f.) zufolge sei das Verhältnis der beiden E-Biker-Typen auch durch die Angebotsstruktur bedingt. Häufig verwenden die „Sportlichen E-Biker" dazu die drehmomentstarken E-Mountainbikes, deren Nachfrage sich laut TRENDSCOPE (2012a, S. 15ff.) positiv entwickele. Ein Ziel von Destinationen sei, mit diesen Modellen tendenziell jüngere Fahrer anzusprechen. Gleichzeitig sollen sich so auch Menschen mit geringer Kondition mit dem Rad in die Berge trauen. Zu letzterer Zielgruppe, welche „körperlich weniger können als sie wollen" zählen Ältere, MTB-Wiedereinsteiger, Vielbeschäftigte, welche nicht häufig trainieren können und schwächere Partner, die mit dem sportlicheren Begleiter mithalten wollen (ebd.). Allerdings konnte diese weitverbreitete Vorstellung des Leistungsausgleichs bei Paaren, bei dem einer der Partner ein E-Bike nutzt, in der aktuellsten und umfangreichsten TRENDSCOPE-Studie (2012c, S. 9) nicht bestätigt werden. Sind E-Bike-Touristen allerdings in Gruppen von mehr als zwei Personen unterwegs, dann meist in einer gemischten Gruppe aus E-Bike-Fahrern und Radfahrern (a.a.O., S. 106).

Ergänzend kann man E-Bike-Touristen auch analog zu den Radtouristen typisieren. So wird zunächst zwischen *E-Bike-Ausflüglern* und *E-Bike-Urlaubern*[20] unterschieden. Der

---

[20] Der Begriff wurde analog zur Bezeichnung Radurlauber gewählt. „E-Bike-Urlauber" sind demnach alle, welche im Urlaub (mindestens eine Übernachtung) wenigstens einmal E-Bike fahren.

aufgeführten Unterteilung in Radurlaubertypen entsprechend *(siehe Kap. 2.2.2)* kann man letztere Gruppe wieder in *Urlaubs-E-Biker*, *Regio-E-Biker* und *E-Bike-Wanderer* unterteilen. 2010 waren 5 % aller Regio-Radler, 4 % aller Urlaubsradler und 3 % aller Radwanderer mit einem Elektrofahrrad unterwegs (TRENDSCOPE, 2010, S. 19). Aufgrund des ungleichen Verhältnisses der Radurlaubertypen ergibt sich folgende Aufteilung unter den E-Bike-Fahrern *(siehe Diagramm 5)*. Im Vergleich zu den Radfahrern ist der Anteil, derjenigen, welche mit dem (Elektro-)Fahrrad mehrtägige Touren bewältigen, noch unterrepräsentiert.

Diagramm 5: Radurlauber und E-Bike-Urlauber in Deutschland 2010

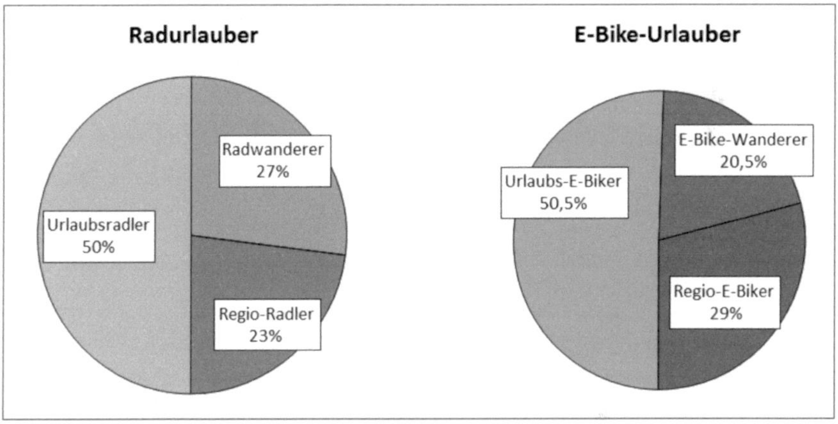

Radurlauber	E-Bike-Urlauber
Urlaubsradler 50%	Urlaubs-E-Biker 50,5%
Radwanderer 27%	E-Bike-Wanderer 20,5%
Regio-Radler 23%	Regio-E-Biker 29%

Quelle: Eigene Darstellung nach TRENDSCOPE (2010, S. 19)

2.4.6 Soziodemographische Merkmale von E-Bike-Touristen

Wurden zuvor *(siehe Kap. 2.3.6)* die soziodemographischen Charakteristika von E-Bike-Nutzern geschildert, beziehen sich folgende Informationen einzig auf E-Bike-Touristen. Bisher wurden zu dieser Gruppe jedoch nur wenige Studien publiziert.

Interessant ist die Tatsache, dass sich der Anteil jener, die sich Ausflugstouren im Urlaub oder Radurlaub mit dem E-Bike vorstellen können, kaum zwischen den Altersklassen unterscheidet. Allein Tagesausflüge können sich die älteren Alterslassen (65+: 60 %) deutlich besser vorstellen als die jüngeren (15–24: 40 %) (T.I.P. BIEHL & WAGNER, 2010, S. 14). Laut der TRENDSCOPE-Studie (2010, S. 63) haben E-Bike-Touristen ein gegenüber dem „Alltags-E-Biker" überdurchschnittlich hohes Alter. Drei von vier Radurlaubern und immerhin jeder zweite Radausflügler, die ein Elektrofahrrad genutzt haben, seien älter als 59 Jahre. MIGLBAUER (2011, S. 23ff.) zufolge überwiege der Anteil von Frauen überwiegt leicht.

ZASTROWS (2011, S. 59f.) Regionalstudie auf der Insel Rügen (n=76) erbrachte ein fast ausgeglichenes Geschlechterverhältnis (55 % männlich) von E-Bike-Touristen. Die Altersverteilung dort zeigte eine große Spanne von 18 bis 74 Jahren mit einer deutlichen Konzentration (54 %) der mittleren Altersklassen (46–60). Nur 14% waren älter als 60 Jahre, was beweist, dass E-Bike-Tourismus nicht nur etwas für Rentner sein muss. Immerhin verteilten sich 24 % auf die Altersklassen 24-30. 8 % der Nutzer waren sogar jünger als 30 Jahre. Das Durchschnittsalter betrug 49,6 Jahre (ebd.) und lag damit nur vier Jahre über dem normaler Radtouristen (45,7 Jahre) (DTV, 2009, S. 12). Bei der Gruppenstruktur dominierten Paare (48 %), gefolgt von Freunden (12 %) und Familienverbänden (12 %) (ZASTROW, 2011, S. 59f.). Das Gros der Experten nimmt allerdings an, dass die Flexibilität des E-Bikes hinsichtlich der befahrbaren Geländeart, die Altersstruktur von Radurlaubern weiterhin senken wird (TRENDSCOPE, 2012a, S. 17). In der Schweiz, dem Mutterland des E-Bike-Tourismus *(siehe Kap. 2.4)*, fahren bereits überdurchschnittlich viele junge Leute E-Bike (MIGLBAUER, 2011, S. 21).

2.4.7 Destinationswahl

Es ist sicherlich von Interesse, inwiefern sich die Destinationswahl der E-Bike-Fahrer von jener der Radfahrer unterscheidet *(siehe Kap. 2.2.4)*, doch existieren bisher noch keine quantitativen Daten bezüglich der bevorzugten Destinationswahl von E-Bike-Fahrern.

Eine TRENDSCOPE-Umfrage (2012a, S. 12f.) bei über die bevorzugten Landschaftstypen und Wegearten von E-Mountainbikefahrern kann jedoch Anhaltspunkte über das Spektrum der Destinationsauswahl liefern. Diese aktuelle Befragung ergab eine starke Bevorzugung von *Mittelgebirgen* (83 %). Den zweiten Rang nahm das *Hochgebirge* (58 %) ein. Deutlich seltener wurden *ebene Landschaften* (34 %) und *Bike Parks* (19 %) gewählt. Bevorzugte Wegearten waren sowohl befestigte Wege und Straßen (79 %), unbefestigte *Wege und Forststraßen* (79 %) sowie *naturbelassene Feld- und Waldwege*

(58 %). Schmale und anspruchsvolle *Singletrails* (9 %) und *sonstige Wege* (8 %) bevorzugten nur wenige E-MTB-Fahrer.[21]

Auch wenn sich diese Studie nicht auf den „Normal-E-Biker" übertragen lässt, bekräftigt auch MIGLBAUER (2011, S. 28), dass bisher zunächst ebene Regionen und Mittelgebirgsregionen von größerer Bedeutung für den E-Bike-Tourismus seien. Hochgebirgsregionen seien aktuell nur für ein kleineres Segment der Touristen attraktiv. HÖLLBACHER (2012), deutet darauf hin, dass viele E-Bike-Fahrer zur Gruppe 50+ oder auch zu den ungeübten Radfahrern gehören, weshalb das Hochgebirge mit seinen steilen Abfahrten und unbefestigten Schotterwegen zumeist ungeeignet sei. Da diese Datengrundlage zur Destinationswahl der E-Bike-Fahrer nicht zufriedenstellend sein kann, soll die vorliegende Studie hierzu erste Ergebnisse bringen *(siehe Kap. 3.33.3)*.

---

[21] In dieser Umfrage waren Mehrfachantworten möglich

3 Empirischer Teil

In diesem Abschnitt dieser Untersuchung sollen die aus der Forschungsfrage abgeleiteten Thesen empirisch überprüft werden. Zuvor werden die Untersuchungsregionen einzeln vorgestellt und abschließend miteinander verglichen. Danach wird das Forschungsdesign erläutert und auf die Methodik der einzelnen Erhebungen eingegangen. Im Anschluss daran folgen die Ergebnisse, welche zur Verdeutlichung zusätzlich in Diagrammen visualisiert wurden. Den Abschluss dieses Kapitels bildet eine kritische Diskussion der methodischen Vorgehensweise dieser Untersuchung.

3.1 Die Untersuchungsgebiete

Die Innovation Elektrofahrrad kann zu einer Erweiterung bzw. Neuerschließung von Fahrradregionen in Landschaftstypen mit bewegter Topographie führen. Um diese These wissenschaftlich zu überprüfen, war es im Rahmen dieser Studie nicht möglich flächendeckende Untersuchungen für den gesamten deutschsprachigen Raum zu leisten. Anstelle dessen wurde das Spektrum der Landschaftstypen in der vorliegenden Arbeit auf drei hinsichtlich ihrer Topographie grundsätzlich unterschiedliche Kategorien beschränkt und drei entsprechende Untersuchungsgebiete ausgewählt *(siehe Abb. 8)*. Grundbedingung bei der Destinationswahl war ein koordiniertes touristisches E-Bike-Angebot.

Als Flusslandschaft wurde die Destination *Liebliches Taubertal* im Nordosten Baden-Württembergs gewählt. Die relativ kompakte Region hat sich seit Jahrzehnten unter den führenden deutschen Radregionen etabliert und ist eine von wenigen Flussradregionen mit einer flächendeckenden touristischen E-Bike-Infrastruktur. Als Mittelgebirgsregion fiel die Wahl auf den *Naturpark Südschwarzwald*, welcher sich schon seit 2010 als E-Bike-Region profiliert und heute einen Teil der *E-Bike-Region Schwarzwald* – Deutschlands größtem „E-Bike-Tankstellennetz" – darstellt. Als drittes Untersuchungsgebiet wurde die am Dachstein, im Grenzgebiet der Bundesländer Salzburg und Steiermark, gelegene *movelo-Urlaubsregion Schladming-Dachstein – Ramsau am Dachstein und Filzmoos* gewählt. Dieser Zusammenschluss dreier Tourismusdestinationen dient in erster Linie als Exempel einer Hochgebirgslandschaft. Darüber hinaus soll die in Folge nur noch als „Dachstein(-Region)" bezeichnete Destination ein Beispiel für eine Region sein, welche seit Kurzem versucht sich im Radtourismus zu profilieren. Schließlich dient sie auch als Muster einer *movelo*-Region *(siehe Kap. 2.4.2)*.

Abbildung 8: Die Untersuchungsgebiete in Süddeutschland und Österreich

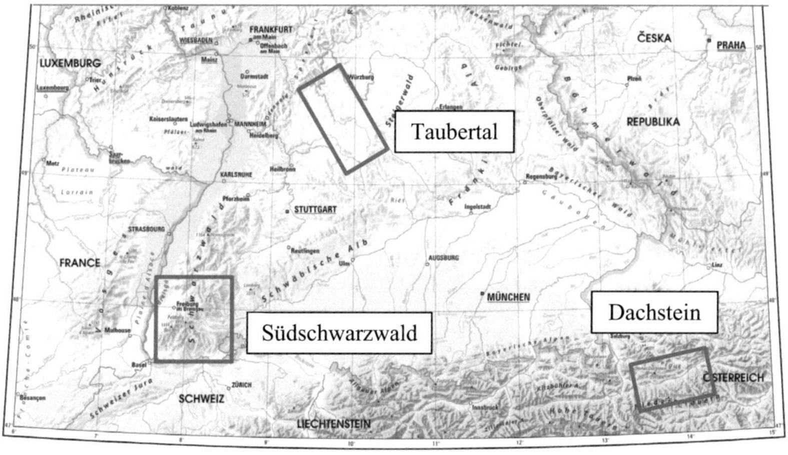

Quelle: Verändert nach BUNDESAMT FÜR KARTOGRAPHIE UND GEODÄSIE (2009)

3.1.1 Liebliches Taubertal

Die Ferienregion *Liebliches Taubertal* erstreckt sich vornehmlich im Main-Tauber-Kreis im nordwestlichen Baden-Württemberg. Ein kleiner Teil am Oberlauf der Tauber befindet sich im bayerischen Landkreis Ansbach. Auf einer Länge von 120 km verläuft das Taubertal in nordwestlicher Richtung von Rothenburg ob der Tauber bis zur ihrer Mündung in Wertheim am Main *(siehe Abb. 9)*. Von etwa 380 m ü. NN unterhalb von Rothenburg fällt die Tauber auf 143 m ü. NN bei ö. Im Oberlauf fließt die Tauber durch ein nur 200–300 m schmales Sohlental. Zwischen Tauberbischofsheim und Werbach erreicht der Talgrund mit ca. 1,5 km seine maximale Breite und der bisher relativ geradlinige Verlauf geht im Unterlauf der Tauber in ein mäandrierendes, teilweise nur 150 m breites Kerbsohlental über. Zahlreiche kleinere Fließgewässer münden in mäßig steilen Kerbtälern von beiden Seiten in die Tauber und verbinden das Tal mit den Mittelgebirgshochflächen der Ausläufer Hohenlohes sowie des Odenwaldes. Die Landschaft des Taubertals ist geprägt durch den Flusslauf der Tauber, welcher von Wäldern, Wiesen und Weinbergen gesäumt wird. Besonders charakteristisch sind die Trockenrasenflächen und Steinriegellandschaften (BOCHERT, 2010, S. 5f.; BfN, 2012b).

Abbildung 9: Übersichtskarte Taubertal

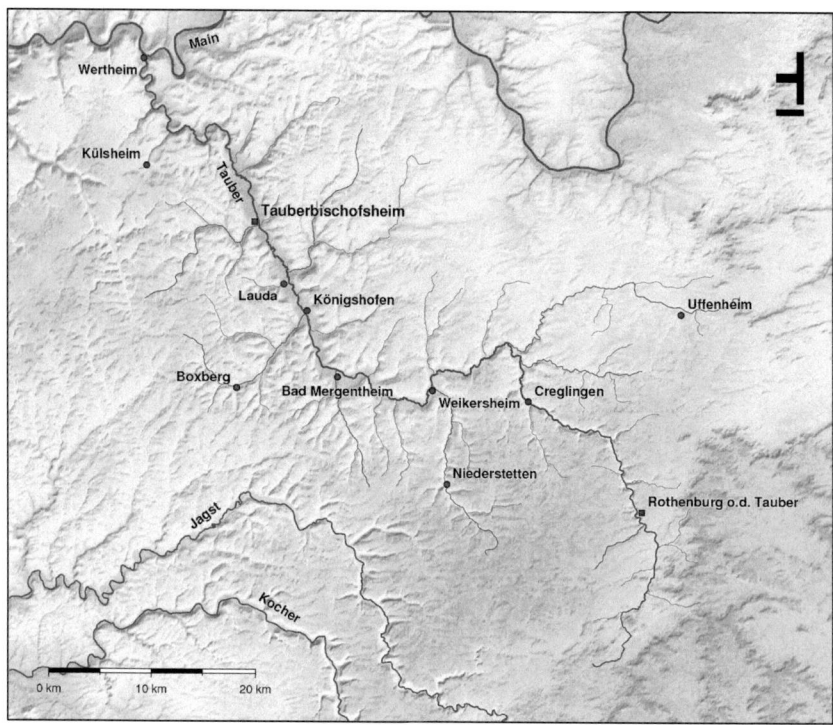

Quelle: www.de.wikipedia.org (2012)

Tourismusstruktur

Das *Liebliche Taubertal* ist mit 103 Einw./km relativ dünn besiedelt, weist aber mit zwölf Übernachtungen pro Einwohner eine hohe Tourismusintensität (1,8 Mio. Übernachtungen / 150.000 Einw.) auf (BOCHERT, 2010, S. 7). Mit einer durchschnittlichen Aufenthaltsdauer von 2,52 Tagen pro Person (2011) ist das Taubertal eine typische Kurzurlaub-Destination. Unter den rund. 715.000 Besuchern (Ankünfte) waren etwa 29 % ausländische Gäste, vorwiegend aus Belgien und den Niederlanden. Im Vergleich zu 2010 stiegen die Übernachtungszahlen um 3,4 % (LIEBLICHES TAUBERTAL, 2011, S. 3). Den besonderen Reiz des Taubertals machen vor allem die pittoresken Kleinstädte mit ihren gut erhaltenen mittelalterlichen Stadtkernen (besonders Rothenburg ob der Tauber) aus. Die touristische Ausrichtung des Taubertals konzentriert sich stark auf Radtourismus. Etwa 80 % aller Besucher sind aktive

Radtouristen. Parallel zum Radtourismus besteht in der Region ein ausgeprägter Weintourismus (FRAGE, 2012).

Fahrradtourismus

Franken als Gesamtregion wurde in den *adfc-Radreiseanalysen* sowohl 2010 als auch 2011 (ADFC, 2011, S. 20) zur zweitbeliebtesten Fahrradregion Deutschlands gewählt. Das Liebliche Taubertal als Unterregion kann sich davon nochmals positiv hervorheben. Die Destination setzt besonders stark auf den Radtourismus und legt besonders großen Wert auf die Qualität seines 2.300 km umfassenden Radwegenetzes, welches sich zwischen Rothenburg ob der Tauber und Freudenberg am Main erstreckt. Der Flussradweg „*Liebliches Taubertal – Der Klassiker*" von Rothenburg ob der Tauber bis Wertheim am Main (100 km) gilt als Aushängeschild im Radtourismus. Dieser stellt einen von nur drei vom *adfc* mit fünf Sternen ausgezeichneten Qualitätsradrouten in Deutschland und Österreich dar (neben *Main-Radweg* und *Neusiedler See Radweg*). Darüber hinaus gibt es mit dem Radweg „*Liebliches Taubertal – Der Sportive*" (160 km) auch eine Variante mit vielen Steigungsabschnitten (2.172 hm), dafür aber spektakulären Aussichten. Dieser Radwanderweg verläuft über Mittelgebirgshöhen und Seitentäler auf der orographisch linken Flussseite in etwa parallel zur Tauber und wird auch als „Rückradelmöglichkeit" beworben, wenn man den „Klassiker" gefahren ist und nach Rothenburg ob der Tauber zurückkehren möchte. Mit der *„Weinradreise"* (216 km) ist eine spezielle Radroute für Weinliebhaber entwickelt worden. Sie verläuft von Niederstetten bis Miltenberg am Main und führt durch die Weinlandschaften dreier Weinanbaugebiete (Württemberg, Franken, Baden) und eröffnet zahlreiche Möglichkeiten zur Einkehr in Besenwirtschaften. Die drei Hauptradwanderwege sind an weitere bestehende Themenradwege angeschlossen. Viele der Unterkunftsbetriebe bieten Pauschalangebote für Radfahrer und einen Gepäcktransport-Service an (RADWEG LIEBLICHES TAUBERTAL [FLYER], 2012).

Um den Gästen etwas Neues bzw. mehr zu bieten und sie dadurch länger in der Region zu halten, wurde der Aktionsraum „Radfahren" durch die Einbindung der Seitentäler und der angrenzenden Mittelgebirgslandschaften vergrößert *(siehe Abb. 10)*. So entstanden zunächst fünf Rundtouren (FRAGE, 2012).

Abbildung 10: Regiotouren im Lieblichen Taubertal

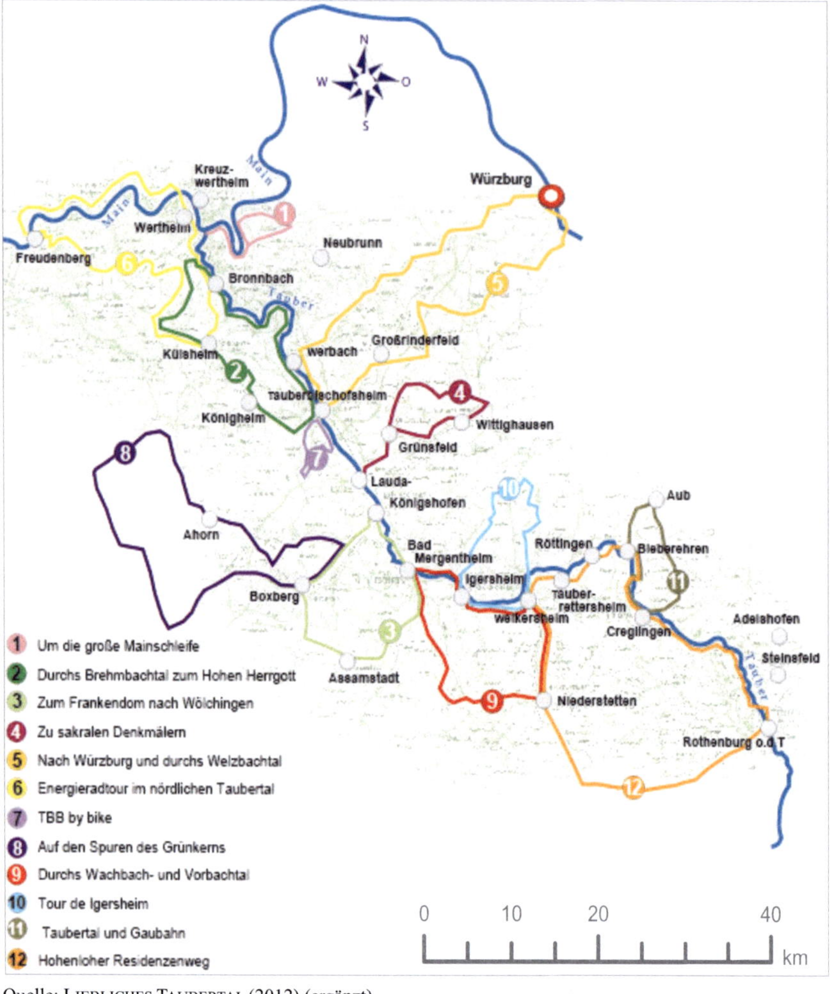
N
W
O
S
Main
Tauber
Kreuz-wertheim
Würzburg
Wertheim
Freudenberg
Neubrunn
Bronnbach
Külsheim
Werbach
Großrinderfeld
Tauberbischofsheim
Königheim
Wittighausen
Grünsfeld
Lauda-Königshofen
Ahorn
Aub
Bad Mergentheim
Röttingen
Bieberehren
Igersheim
Boxberg
Tauber-rettersheim
Weikersheim
Creglingen
Adelshofen
Steinsfeld
Assamstadt
Niederstetten
Rothenburg o.d.T
1 Um die große Mainschleife
2 Durchs Brehmbachtal zum Hohen Herrgott
3 Zum Frankendom nach Wölchingen
4 Zu sakralen Denkmälern
5 Nach Würzburg und durchs Welzbachtal
6 Energieradtour im nördlichen Taubertal
7 TBB by bike
8 Auf den Spuren des Grünkerns
9 Durchs Wachbach- und Vorbachtal
10 Tour de Igersheim
11 Taubertal und Gaubahn
12 Hohenloher Residenzenweg
0
10
20
40
km

Quelle: LIEBLICHES TAUBERTAL (2012) (ergänzt)

E-Bike-Infrastruktur

Koordiniert vom *Tourismusverband Liebliches Taubertal* wurde 2010 ein touristisches E-Bike-Angebot erarbeitet und medial beworben. Das primäre Ziel ist es durch die zusätzlichen Angebote dem Gast die Chance zu geben „die Region intensiver ausreizen zu können" und ihn zu einem erneuten Besuch zu bewegen. Ferner möchte man den demographischen Wandel berücksichtigen und den ohnehin schon betagten Besuchertyp durch den Umstieg aufs Elektrofahrrad für noch weitere Jahre zu halten.

Aufgrund der Innovation Elektrofahrrad wurde das Angebot an Regiotouren gezielt ausgebaut. Aus schon bestehenden Tourenradrouten wurden sieben weitere Rundtouren links und rechts der Tauber entwickelt. Zusammen mit den bestehenden sind diese zwölf zwischen 24 km und 82 km langen „Erlebnistouren" zum „Regioradeln" entwickelt. Diese Rundtouren bewältigen zwischen 174 und 938 Höhenmetern und verlaufen durch die Seitentäler der Tauber und auf die umgebenden Hochflächen. Für zehn von zwölf dieser Erlebnistouren werden aufgrund der längeren, teilweise auch steilen Anstiege Elektrofahrräder empfohlen (RADWEG LIEBLICHES TAUBERTAL [FLYER], 2012).

In Zusammenarbeit mit acht Fahrradhändlern, einer Hotelpension, einer Tourist-Info und einem E-Bike-Hersteller[22] sind in der Region elf Elektrofahrrad-Verleihstationen verteilt. Die Nutzung eines Pedelec bzw. S-Pedelec kostet zwischen 17 € und 22 € pro Tag und etwa 100 €/Woche. Mit Unterstützung der lokalen Stromanbieter und den Hotel- und Gastronomiebetrieben konnte ein Netzwerk von Akkuladestationen geschaffen werden. Ein Akkuwechselsystem existiert nicht. Jeder E-Bike-Fahrer kann bei Rast oder Übernachtung in den 56 mit dem Hinweistäfelchen "*Akku-Ladestation für Elektroräder*" gekennzeichneten Hotel- und Gastronomiebetrieben seinen Akku kostenlos an der normalen Steckdose aufladen. Die höchstens 20 km voneinander entfernten Betriebe mit einer Akku-Ladestation bekommen für die zusätzlich entstandenen Stromkosten jährlich eine Pauschale von den regionalen Stromanbietern[23] zurück (MAIN-TAUBER-KREIS, 2010). Es ist geplant dieses Akkuladenetz stetig zu erweitern (LIEBLICHES TAUBERTAL, 2011, S. 6).

3.1.2 Naturpark Südschwarzwald

Die Abgrenzungen des Naturparks *(siehe Abb. 11)* gehen über den eigentlichen Südschwarzwald hinaus. Sie umfassen zusätzlich zum Südschwarzwald Teile des Mittleren Schwarzwaldes, der Baar und des Alb-Wutach-Gebietes. Im Westen reicht der Naturpark teilweise bis in die Vorbergzonen im östlichen Oberrheingraben, die

---

[22] Die Ansmann AG stellt unter anderem sowohl E-Bike-Komponenten als auch gebrauchsfertige E-Bikes her.

[23] Sowohl die Stadtwerke Tauberfranken GmbH in Bad Mergentheim und die Stadtwerke Wertheim GmbH kaufen ausreichende Mengen „Ökostrom" ein. Rechnerisch werden die E-Bikes an den Ladestationen daher mit regenerativ erzeugtem Strom geladen.

Südgrenze bildet der Hochrhein. Im Osten fällt der Südschwarzwald flach ab in die Baar und das Alb-Wutach-Gebiet (BFN, 2012a).

Abbildung 11: Relief und Abgrenzungen Naturpark Südschwarzwald

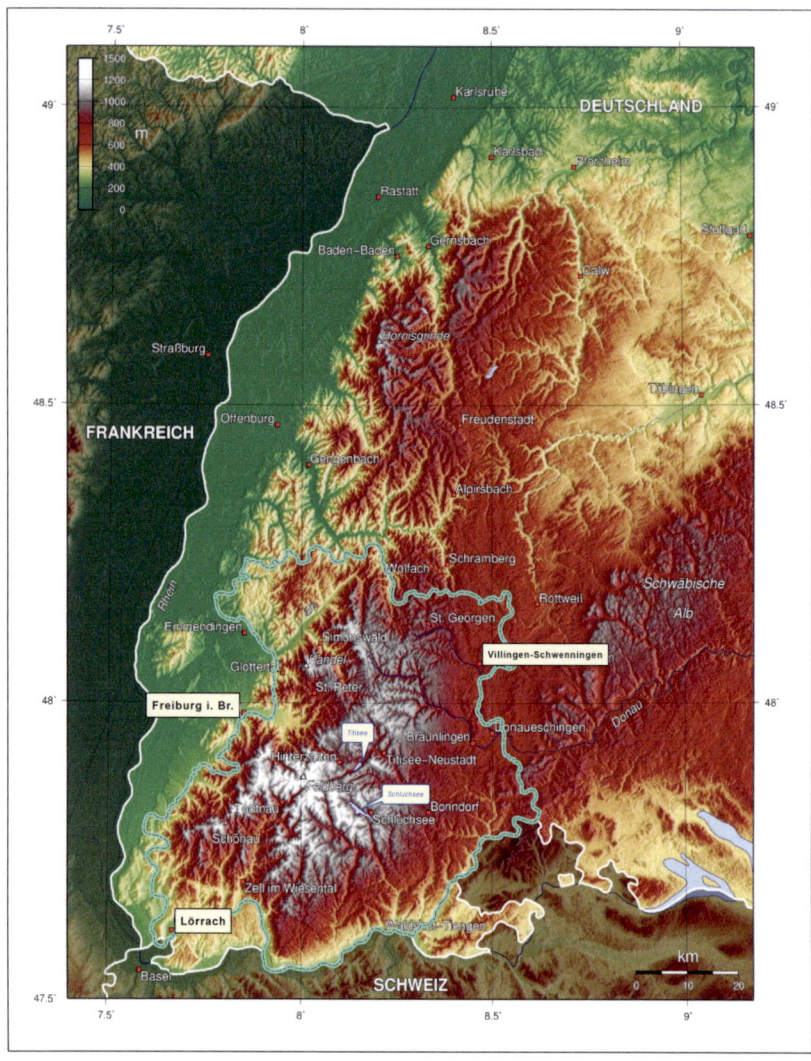

Quelle: Verändert nach *www.upload.wikimedia.org* (2013)

Der Naturpark umfasst den höchstgelegenen Teil des Schwarzwaldes, Deutschlands höchstem Mittelgebirge (Feldberg: 1.493 m). Das stark zertalte und eiszeitlich geprägte Grundgebirge liegt überwiegend höher als 500 m ü. NN. Die Landschaft ist von einem dichten Nadelwaldbestand und extensiven Offenlandflächen mit extensiver Grünlandnutzung geprägt (LFU, 2005). Mit dem Titisee und dem heute gestauten Schluchsee befinden sich im Südschwarzwald zwei große Zungenbeckenseen in der Region, um welche herum sich ohne große Höhenunterschiede entspannt Fahrrad fahren lässt.

Tourismusstruktur

Der Naturpark Südschwarzwald ist mit 3.700 km² der zweitgrößte Naturpark Deutschlands und Heimat für 550.000 Einwohner. Getragen wird er vom 1999 gegründeten *Naturpark Südschwarzwald e.V.*, einem Gemeinschaftsprojekt der fünf Landkreise Breisgau-Hochschwarzwald, Lörrach, Waldshut, Emmendingen, Schwarzwald-Baar-Kreis, des Stadtkreises Freiburg sowie von 103 Städten und Gemeinden, Verbänden, Wirtschaftsbetrieben und Privatpersonen. Jährlich zieht der Naturpark etwa 20 Mio. Gäste an. Der Naturpark überlagert mehrere Urlaubsregionen, welche sich sowohl selbst bewerben als auch von der übergeordneten *Schwarzwald Tourismus GmbH* vermarkten lassen (SCHWARZWALD TOURISMUS GMBH, 2012).

Die typische Aufenthaltsdauer der Gäste beträgt eine Woche, obgleich der Anteil kürzerer Aufenthalte in der Region zunimmt. Der Hochschwarzwald, Kern des Naturparks, ist mit knapp drei Mio. Übernachtungen und 727.000 Ankünften die am stärksten besuchte Urlaubsregion Baden-Württembergs. Entsprechend sehr hoch ist die Tourismusintensität mit 64.760 Übernachtungen / 1.000 Einw. (HOCHSCHWARZWALD TOURISMUS GMBH, 2013, S. 2). Besonders beliebte Ausflugsziele sind die Regionen um die Wintersportregionen Feldberg, Schauinsland und Todtmoos. Andere beliebte Aktivitäten sind Drachenfliegen, Wandern, Mountainbiken und Klettern (BFN, 2012a).

Fahrradtourismus

Anfangs beschränkte sich der Radtourismus im Schwarzwald ausschließlich auf die Talschaften; niemand dachte an eine Radtour auf den Schwarzwaldhöhen, so (HOTZ, 2012). Seit den frühen 1990er Jahren konnte sich die Region als eine der führenden deutschen Mountainbike-Destinationen profilieren. In den letzten Jahren hat der Schwarzwald immer stärker versucht sich für alle Fahrradfahrertypen zu vermarkten und trennt seine Marketingoffensiven strikt in Mountainbike-, Rennrad-, Tourenrad- und neuerdings auch E-Bike-Angebote. In den Flusstälern (z.B. Elz), die den Südschwarzwald durchziehen, am Schwarzwaldrand in der Oberrheinebene und am Hochrhein wird heute relativ viel Tourenrad gefahren. An zweiter Stelle kommen die Mountainbiker, welchen der Schwarzwald eine Menge kurzer Tagestouren, aber auch Mehrtagesrouten wie die rund 450 Kilometer lange *Bike Crossing Schwarzwald* von Pforzheim nach Bad Säckingen bietet. Allerdings werden die bei Mountainbikern beliebten schmalen Wege („Singletrails") kaum beworben, da das baden-württembergische Waldgesetz deren Nutzung für Radfahrer untersagt. Die Rennfahrer seien schwierig in der Region zu halten, da diese weite Tagesstrecken bis ins Elsass oder in die Schweiz fahren (ebd.).

Touristisch betrachtet seien die Tourenradler die interessanteste Zielgruppe, da sie verhältnismäßig lange bleiben und pro Tag mehr Geld ausgeben. Man habe bemerkt, dass auch in den höheren Lagen des Schwarzwalds durchaus Potenzial für Tourenradler bestehe, wenn nur die Streckenführung nicht zu anspruchsvoll sei. Der ca. 240 km lange *Südschwarzwald-Radweg (siehe Abb. 12)* werde von Tourenradlern sehr gut angenommen (ebd.). Der anfängliche steile Anstieg von Kirchzarten nach Hinterzarten kann mit der Höllentalbahn bewältigt werden. Somit kann der Radtourist seine mehrtägige Rundtour auf der Höhe beginnen und das höchste Mittelgebirge Deutschlands mit dem Rad „erfahren" ohne allzu viele Höhenmeter (Aufstieg 973 m; Abstieg 1.456 m) erklimmen zu müssen.

Abbildung 12: Hinweistäfelchen und Profil Südschwarzwald Radweg

 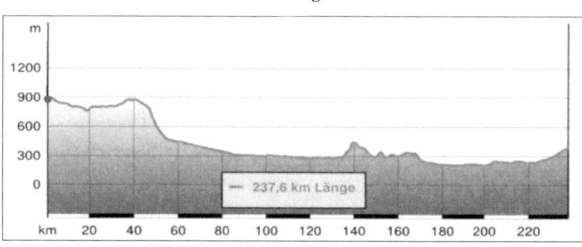

Quelle: OUTDOORACTIVE, 2012

E-Bike-Infrastruktur

Schon 2005 wurden im Schwarzwald erste touristische E-Bike-Angebote eingerichtet. Zunächst entstanden jedoch in einzelnen der 13 touristischen Unterregionen inselartig individuelle touristische E-Bike-Angebote (z.B. *movelo*-Region *Bad Bellingen & Markgräflerland*) (HOTZ, 2012). Diese „E-Bike-Orte" „[...] bieten einen umfangreichen „E-Bike-Service" an. Dieser beinhaltet Verleihstationen, spezielle Karten mit erprobten Tourenvorschlägen, Akku-Wechsel- und Ladestationen. Manche Angebote beinhalten auch geführte Touren oder einen Bring- und Rückholservice zur Unterkunft" (SCHWARZWALD TOURISMUS GMBH, 2012).

Da viele aber nicht richtig ins Laufen kamen, wurde 2010 unter der Koordination der *Schwarzwald Tourismus GmbH* ein über die gesamte Fläche des Schwarzwaldes verteiltes Netzwerk von Akkuladestationen geschaffen. Ziel sei es gewesen, dass der Schwarzwald durch sein großflächiges E-Bike-Angebot als Tourenradregion wahrgenommen werde um fortan mehr Tourenradler in den Schwarzwald zu ziehen und sie nicht nur, den Schwarzwald als Kulisse betrachtend, an dessen Rändern vorbei fahren zu lassen. Zielgruppen seien zum einen jene Tourenradler, welche die flachen Tourenradwege im Schwarzwaldgebiet schon befahren haben und bergige Gebiete aufgrund der Steigungen scheuen, zum anderen jene Gäste, die bereits gern in den Schwarzwald kommen, aber nie daran dachten hier eine Tourenradtour zu machen. Die intensive Werbung in allen gängigen Medien habe dem Schwarzwald einen Imagegewinn als innovative Touristenregion beschert, so HOTZ (2012).

Von einem E-Bike-Verleihangebot habe sich die *Schwarzwald-Touristik* zurückgehalten, da der Verleih von Elektrofahrrädern ihrer Meinung nach langfristig ohnehin zurückgehen werde. Sie kümmere sich bewusst nur um die Basisinfrastruktur (ebd.). Damit die Gäste keine Angst vor leeren Akkus haben müssen, gibt es im Abstand von ca. 20 km insgesamt 180 „E-Bike-Tankstellen" (meist Gastwirtschafts- oder Beherbergungsbetriebe). Die Teilnahme als Ladestation[24] ist mit einem von der *Schwarzwald Touristik* entworfenen Kriterienkatalog verknüpft. Verlangt wird, dass mindestens zwei Ladegeräte des Marktführers *Panasonic* (optional zusätzliche *Bosch*-Ladegeräte) bereit stehen, der Betrieb um die Mittagszeit geöffnet ist und das

---

[24] Die Schwarzwald Tourismus GmbH übernahm die Werbekosten und organisierte den verbilligten Einkauf der Ladegeräte (160 € pro Gerät), unterstützt von einem Sponsor aus der Stromindustrie.

Akkuladen gratis anbietet (HOTZ, 2012). Elektro-Mountainbikes (E-MTBs) werden von der *Schwarzwald Touristik* nicht beworben, da sie bewusst vermeiden möchte, ungeübte Radfahrer in zu anspruchsvolles Gelände zu leiten (ebd.).

Der Naturpark Südschwarzwald, als eigentliches Untersuchungsgebiet, bildet einen Teil der E-Bike Region Schwarzwald. In dessen zentralen Region, welche ungefähr dem Hochschwarzwald entspricht, wird den Gästen parallel zum Schwarzwald weiten Akkulade-Netzwerk ein in sich geschlossenes Verleih- und Akkuwechselsystem geboten. Dieses wird seit 2008 von *Ski-Hirt* aus Titisee-Neustadt, dem größten Radhändler der Region betrieben und vom Naturpark Südschwarzwald federführend vermarktet (HIRT, 2012). Der Gast, welcher zuvor eines der 120 E-Bikes *(siehe Anlage 3: E-Bikes der Marke Flyer am Titisee, Südschwarzwald)* bei einer der 35 Verleihstationen geliehen hat, kann an jeder der 23 Akkuwechselstationen seinen Akku gratis gegen einen vollgeladenen Akku austauschen. Akkuwechselstationen sind vor allem Gastronomiebetriebe, dazu das *Haus der Natur* am Feldberg und eine Tankstelle in St. Blasien. Der lokale Radreiseveranstalter *Bitou* bietet zahlreiche geführte und ungeführte E-Bike-Touren rund um die „Bike Station" auf dem Feldberg an. Darüber hinaus bietet er ein E-Bike-Fahrsicherheitstraining an (NATURPARK SÜDSCHWARZWALD, 2012).

Eine von der Sporthochschule Köln durchgeführte Evaluation im Jahre 2009 ergab, dass dem E-Bike-Touristen zunächst noch das Bewusstsein und der Mut für einen Akkuwechsel fehlten und die Rundtouren daher entsprechend kurz ausfielen (durchschnittlich 28 km / 3 Std) (PUSSAK & SCHULDT, 2009, S. 15). Nachdem im ersten Jahr viele Elektrofahrräder häufig ungenutzt blieben, integrierte man den E-Bike-Verleih der sechs größten Verleihbetriebe in die Inklusivkarte *„Hochschwarzwald Card"*. Jeder Inhaber dieser Karte[25] kann unter anderem jeden Tag drei Stunden lang vormittags oder nachmittags ein Pedelec kostenlos vom Verleihbetrieb *Ski-Hirt* ausleihen. Dessen Besitzer EGON HIRT (2012) gab an, dass 90 % der E-Bike-Touristen diesen kostenlosen Service nutzen, „[…] um das E-Bike einfach einmal auszuprobieren". Da erprobte Radfahrer noch Vorurteile hegen, seien diese „schwieriger aufs E-Bike zu bringen", weshalb 70 % der E-Bike-Touristen aus der Kategorie „Nicht-Radfahrer" entstammen. HIRT ist überzeugt von einem mittelfristigen Erfolg des Angebots überzeugt und beabsichtigt das Angebot weiter auszubauen (ebd.).

---

[25] Die Hochschwarzwald Card erhält jeder Gast ab zwei Nächten Aufenthalt gratis

Obwohl alle sechs untergeordneten Tourismusverbände jeweils mehrere Mountainbikestrecken ebenfalls als E-Bike-Tourenvorschläge vermarkten, beschränkt man sich auf eine, speziell für E-Bikes ausgerichtete Route. Der ausgeschilderte 68 km lange *Seenradweg Hochschwarzwald (siehe Abb. 13)* verläuft größtenteils steigungsarm um Titisee und Schluchsee, aber auch hinauf über den Rinkensattel auf 1.197 m. Dieser mit Abstand am meisten von E-Bike-Fahrern genutzte Radweg führt an acht Akkuwechselstationen vorbei und gibt dem Gast somit die psychologische Sicherheit nicht ohne „Energie im Tank" stehen zu bleiben (HOTZ, 2012). Anmerkend soll hier erwähnt werden, dass die Hälfte der Radler (35 von 72), welchen der Autor bei einer Testfahrt am 27.9.2012 auf dem *Seenradweg Hochschwarzwald* begegnete, auf einem Elektrofahrrad unterwegs waren. Das Verhältnis soll keineswegs als wissenschaftliche Erhebung gelten, sondern rein die auch zum Saisonende rege Nutzung des E-Bike-Angebots unterstreichen.

Abbildung 13: Hinweistäfelchen und Profil Seenradweg Hochschwarzwald

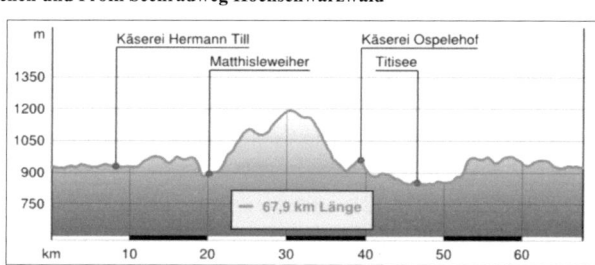

Quelle: NATURPARK SÜDSCHWARZWALD, 2012

Der *Unterkrummenhof* am Schluchsee etwa ist sowohl Ladestationen im Schwarzwald weiten Netzwerk als auch Akkuwechselstation im Naturpark Südschwarzwald. Nach den Aussagen der Betreiber stehen 20 Akkus zur Verfügung, von welchen jedoch nur fünf bis zehn täglich gegen Leere ausgetauscht werden. 90 % der Gäste würden bei einem Akkuwechsel auch das gastronomische Angebot des Gasthofes nutzen. Der *Raimartihof* am Feldsee bietet ebenfalls einen Wechsel- und Ladeservice. Er hält fünf Wechselakkus und zehn Ladegeräte bereit. Zwischen acht und zehn Akkus tauschen Gäste pro Tag aus, wobei 95 % dieser Gäste währenddessen auch etwas konsumieren *(informelle Interviews mit Betreibern der Akkuwechselstationen Unterkrummenhof & Raimartihof, 27.9.2012).*

Im Südschwarzwald sind insgesamt 28 Tourenvorschläge für E-Biker ausgearbeitet. Dazu kommen zehn Touren in der Oberrheinebene, welche hier aufgrund ihrer Topographie nicht einberechnet wurden. Vergleicht man alle 27 E-Bike-Touren[26] im Südschwarzwald *(siehe Diagramm 6)*, so lässt sich feststellen, dass mit dem Schwierigkeitsgrad der Tour die Streckenlänge und/oder die Anzahl der zu bewältigenden Höhenmeter ansteigen. Die Touren der Kategorie *schwer* sind nur wenig länger als die *mittelschweren*, allerdings müssen die Radfahrer hier bereits 61 % mehr Höhenmeter bewältigen. Der einzige speziell als E-Bike-Tour beworbene *Seenradweg Hochschwarzwald* wird als *mittelschwer* eingestuft, obwohl er 55 % mehr Höhenmeter und eine um zwei Drittel längere Strecke aufweist als das Mittel der Touren dieses Schwierigkeitsgrades. Kategorisierte man die E-Bike-Touren nach dem *Eurobike-Systemstandard©* für Radwanderer *(siehe Kap. 2.2.3)* würden 58 % der Touren als *schwere* Touren (SG = 4), 19 % im Übergangsbereich *mittelschwer/schwer* (SG = 3.5) und 23 % (SG = 3.0) als *mittelschwer* eingestuft werden.

Diagramm 6: Durchschnittliche Parameter der E-Bike-Touren im Südschwarzwald

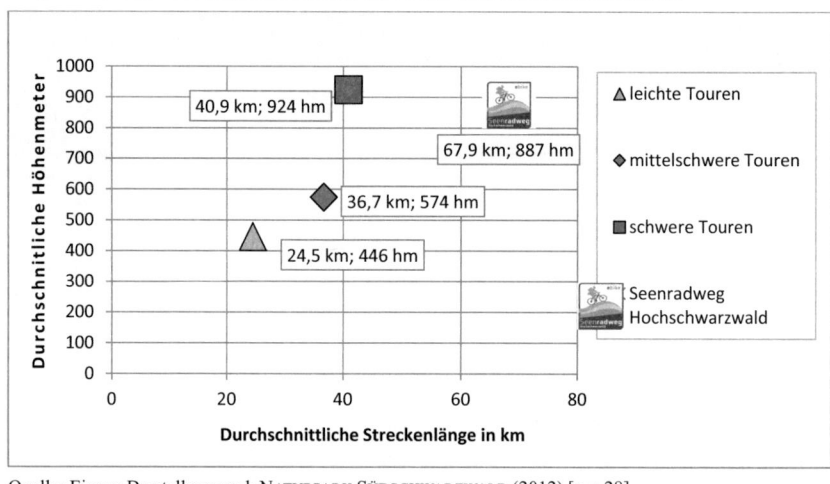

Quelle: Eigene Darstellung nach NATURPARK SÜDSCHWARZWALD (2012) [n = 28]

---

[26] Diese Radtouren werden ebenfalls für Mountainbiker beworben

3.1.3 Dachstein-Region

Die Urlaubsdestinationen *Schladming-Dachstein, Ramsau am Dachstein* und *Filzmoos* grenzen unmittelbar aneinander, wobei die Gemeinden Ramsau am Dachstein und Schladming sich in der Steiermark befinden, während Filzmoos im Bundesland Salzburg liegt. Die Urlaubsregion Schladming-Dachstein besteht aus acht Regionalverbänden mit 21 Gemeinden und erstreckt sich entlang der Enns von Mandlingpass im Westen bis Wörschach im Nordosten.

Das von Ost nach West verlaufende Ennstal, das Dachsteinmassiv im Norden und die Schladminger Tauern im Süden prägen das Landschaftsbild der Region *(siehe Abb. 14)*. Die Gemeinde Schladming (745 m) befindet sich in der Talsohle der Enns, deren Längstal die kristallinen Zentralalpen von den Nördlichen Kalkalpen trennt. Ramsau am Dachstein (1.135 m) liegt unmittelbar an der Südwand des Dachsteinmassivs auf einem Hochplateau zwischen 1.000 m und 1.200 m. Filzmoos (1.057 m) befindet sich an der Warmen Mandling in einem Seitental der Enns. Zusammen umfassen die Regionen verschiedene Höhenstufen mit unterschiedlichem Landschaftscharakter. Die Höhendifferenz reicht von 640 m an der Enns bis auf 2.995 m am Hohen Dachstein. Zusammen erstreckt sich die Fläche der drei Urlaubsregionen auf 1.434 km². Da der größte Teil allerdings vom Hochgebirge eingenommen wird, ist die Bevölkerungsdichte mit 24,7 Einw./km² sehr gering (LAND SALZBURG, 2012; LAND STEIERMARK, 2012).

Abbildung 14: Sommerpanorama der Dachstein-Region

Quelle: SCHLADMING-DACHSTEIN TOURISMUSMARKETING GMBH, 2012

Tourismusstruktur

Die Wirtschaft der drei „Dachstein-Destinationen" ist mit über 3,8 Mio. Nächtigungen und ca. 810.000 Ankünften sehr stark vom Tourismus geprägt. Allerdings stagnieren diese hohen Gästezahlen seit 2008, die durchschnittliche Aufenthaltsdauer der Gäste ist mit 4,6 Tagen leicht abnehmend. Der Anteil der Gäste, welche im Sommerhalbjahr anreisen, liegt zwischen 40 % (Schladming-Dachstein[27]) und 50 % (Filzmoos) (LAND SALZBURG, 2012; LAND STEIERMARK, 2012).

Die Urlaubsregionen sind seit Jahren erfolgreich bemüht neben dem starken Wintertourismus auch den Sommertourismus zu stärken. Im Sommer sind Wandertouristen mit Abstand die größte Gruppe.
Bis vor Kurzem gab es in der Region keinen echten Radtourismus. Eine Ausnahme bildet der *Ennsradweg*, welcher zwar von vielen Tourenradlern befahren wird aber in der Region relativ wenig Wertschöpfung generiert, da diese Radwanderer ihre Tour meist im ca. 20 km nahen Radstadt beginnen und daher relativ zügig durch das an der Enns gelegene Schladming und die Urlaubsregion hindurchradeln (STEINER, 2012).

Fahrradtourismus

2009 fand in Schladming der *MTB-Downhill Weltcup* statt; es blieb ein Downhill Park mit verschiedenen Strecken, deren Ausgangspunkt mit der Planai Seilbahn erreicht werden kann. Zusätzlich entstand ein Dirt Park. Erst im Anschluss an dieses Event versuchte man die unmittelbare Umgebung nicht nur für die Profiszene, sondern auch für „den normalen Mountainbiker" zu erschließen. Es wurden 20 MTB-Touren entwickelt, MTB-Hotels zertifiziert und MTB-Tourguiding Angebote ausgearbeitet (STEINER, 2012). Heute wirbt die Region mit 930 km Rad- und Mountainbike-Routen (MOVELO-REGION SCHLADMING DACHSTEIN, RAMSAU AM DACHSTEIN, FILZMOOS, 2012, S. 2). Im Gegensatz zu Schladming liegen die Destinationen Filzmoos und Ramsau an der *Dachsteinrunde*. Dieser 1998 eröffnete MTB-Radwanderweg (257 km) führt über ursprünglich 257 km um das Dachsteinmassiv durch das Dreiländereck von Oberösterreich, Steiermark und Salzburg. Allerdings hat die Dachsteinrunde keine allzu große Bedeutung für die Gemeinden, da die Mountainbiker in der Regel andernorts übernachten.

---

[27] Die Urlaubsregion Schladming-Dachstein besteht aus acht Regionalverbänden und 21 Gemeinden im oberen Ennstal und seinen Nebentälern. Die Einwohnerzahl 2011 betrug 31.148 (LAND STEIERMARK, 2012).

E-Bike-Infrastruktur

Zielsetzung des Aufbaus einer E-Bike-Infrastruktur war „[…] auch anstiegsscheuen Genussradlern neue Möglichkeiten in Sachen Fahrradvergnügen […]" zu eröffnen (SCHLADMING-DACHSTEIN, 2012). Seit 2011 sind E-Bike-Routen von insgesamt 500 km Strecke und ca. 14.000 hm für den Gebrauch von Elektrofahrrädern ausgelegt. Die Routen reichen hinauf bis maximal 1.835 m ü. NN und damit bis knapp unterhalb der natürlichen Baumgrenze *(siehe Anlage 7)*. Obwohl die Urlaubsregion wesentlich weiter nach Osten reicht, befinden sich alle E-Bike Routen im westlichen Teil zwischen Filzmoos und Gröbming (MOVELO-REGION SCHLADMING DACHSTEIN, RAMSAU AM DACHSTEIN, FILZMOOS, 2012). Das Angebot zielt zum einen auf die gemütlichen Trekkingradfahrer ab, welche gewöhnlich lieber im flachen Gelände unterwegs sind, aber vielleicht schon einmal davon träumten in direkter Gipfelnähe zu radeln, ohne schon nach wenigen hundert Höhenmetern außer Atem zu sein. Zum anderen soll auch Nicht-Radfahrern eine neue Aktivität geboten werden. Anders als viele andere alpine E-Bike-Regionen setzen die Dachsteiner Touristiker neben den erwähnten Genussradlern auch auf den sportlichen E-Biker Typ. Denn mit einer Ausnahme sind die 16 ausgewiesenen E-Bike-Routen identisch mit den 20 MTB Rundtouren. Die parallele Nutzung ist möglich, da für die neu geplanten MTB Touren bewusst keine technisch zu anspruchsvolle Abschnitte ausgewählt wurden. Es wurde darauf geachtet, dass sie auch von ungeübteren Radfahrern problemlos bergab befahren werden können, weshalb die Abfahrten auf asphaltierten, zumindest aber auf breiten Feld- oder Waldwegen mit gut befahrbarer Oberfläche verlaufen *(siehe*

Anlage 4: E-Bikefahren am Hohen Dachstein). Zum größten Teil führen die Routen nicht auf Wanderpfaden, womit dem Konflikt mit Wanderern „aus dem Weg gegangen" wird (STEINER, 2012).

Dem Gast soll ein simples und von Tourismusgrenzen unabhängiges Konzept geboten werden. Aus diesem Grund setzen die drei „Dachstein-Destinationen" seit 2011 gemeinsam auf den touristischen Elektromobilitätsanbieter *movelo*, um mit den Nachbarregionen *Salzkammergut* und der *Ferienregion Nationalpark Hohe Tauern* ein wechselseitig kompatibles Netzwerk zu bilden (ebd.). Dem Urlauber steht das „*movelo*-Elektro-Komplettpaket" zur Verfügung *(siehe Kap.2.4.2)*. Verliehen werden nur Pedelecs und S-Pedelecs der Marke *FLYER* samt des einheitlichen *Panasonic*-Akkus.

Neben acht Verleihstationen, sind 19 Akkuwechselstationen[28] in der Region verteilt *(siehe Abb. 15)*. Deren Standorte sind sowohl auf der Website, und in einem Flyer aufgeführt. Zusätzlich wirbt ein Plakat an den jeweiligen Stationen für den möglichen Akkuwechsel. Die Mehrheit der Verleihbetriebe befindet sich im Ennstal bzw. auf dem Ramsauplateau. Die meisten Routen verlangen aus diesem Grund – es sei denn man radelt entlang der Enns – eine beachtliche Überwindung an Höhenmetern (MOVELO-REGION SCHLADMING DACHSTEIN, RAMSAU AM DACHSTEIN, FILZMOOS, 2012, S. 6ff.). Eine „One-Way-Miete", also die Rückgabe des E-Bikes an einem anderen Ort ist ebenfalls möglich (SCHLADMING-DACHSTEIN, 2012).

Abbildung 15: Verleih- und Akkuwechselstationen am Dachstein

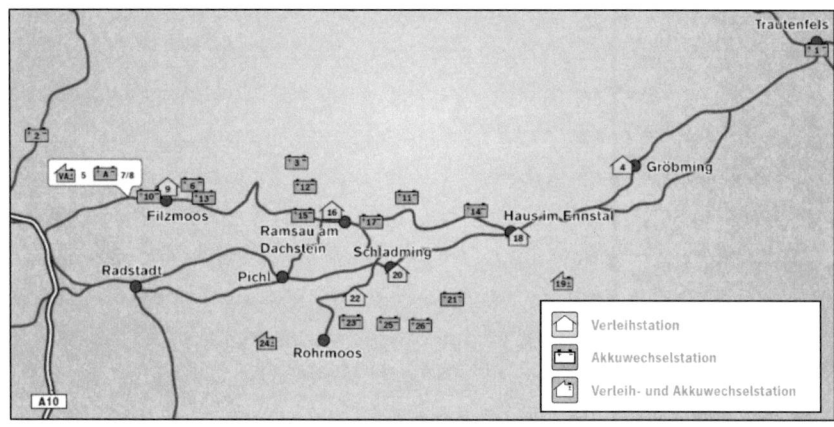

Quelle: MOVELO-REGION SCHLADMING DACHSTEIN, RAMSAU AM DACHSTEIN, FILZMOOS, 2012, S. 5

Ab der Saison 2013 werden die drei Varianten der *Dachsteinrunde* um eine speziell für E-Bike-Fahrer konzipierte Streckenführung erweitert (STEINER, 2012). Die *Dachsteinrunde mit dem E-Bike* ist mit 208 km zwar etwas länger als die kürzeren MTB-Varianten (182 km; 4.900 hm), allerdings mit nur 3.450 hm deutlich entschärft (*www.alpenbiken.at*, 2013). Der größte Verleiher in der Region *Intersport Bachler* bestätigte, dass der Erfolg des E-Bikes groß und der Anstieg von 2011 auf 2012 deutlich zu spüren sei. Er verleihe seine Pedelecs an alle Altersklassen (BACHLER, 2012).

Während den E-Bike-Touren vor Ort zum Saisonende 2012 (27.-29. Sept.), zählte der Verfasser unterwegs nur insgesamt 49 Radfahrer, welche überholt wurden oder in der

---

[28] Drei Verleihstationen sind gleichzeitig Akkuwechselstation

Gegenrichtung waren – davon nutzten nur 24 Personen (49 %) ein E-Bike. Die meisten radelten allerdings in den flacheren Abschnitten um Ramsau und Schladming. Gewiss kann auch diese in keiner Weise repräsentative Feststellung nicht als charakteristisch erachtet werden, soll aber auch nicht unerwähnt bleiben.

3.1.4 Die Untersuchungsgebiete im Vergleich

Nachdem die Untersuchungsgebiete ausführlich beschrieben wurden, sollen nun die wichtigsten Unterschiede und Gemeinsamkeiten aufgezeigt werden. Der auffälligste und für diese Untersuchung maßgebliche Unterschied zwischen den Regionen ist die Topographie. Zudem unterscheiden sie sich hinsichtlich ihrer touristischen Ausrichtungen und bisherigen Erfahrungen im Radtourismus. Das Taubertal nimmt als etablierte Radwander-Destination eine Sonderstellung ein.

Während die Übernachtungszahlen[29] sowie die Gesamtstrecke ihrer E-Bike Routen ähnliche Größenordnungen einnehmen, unterscheidet sich die Anzahl der E-Bike-Verleihbetriebe im Südschwarzwald erheblich von den anderen Untersuchungsgebieten, da dort auch Gastbetriebe als Verleiher fungieren. Darüber hinaus unterscheiden sich die Regionen neben diesem naturräumlichen Charakteristikum deutlich in ihrer E-Bike-Infrastruktur – sowohl hinsichtlich des Angebotsausmaßes als auch bezüglich der Umsetzung ihres Konzepts *(siehe Tab. 4)*. Während man im Taubertal ausschließlich Akkuladestationen eingerichtet hat, setzt man am Dachstein auf ein Akkuwechselkonzept. Im Südschwarzwald, welcher topographisch betrachtet zwischen der Flussregion und dem Hochgebirge liegt, überlagern sich beide Konzepte. Darüber hinaus unterscheiden sich die untersuchten E-Bike-Destinationen vor allem durch die Struktur der Koordination. Während das tatsächliche E-Bike-Angebot im Südschwarzwald eine Überlappung der Angebote des Naturparks selbst sowie der *Schwarzwald Tourismus GmbH* und seiner untergeordneten Subregionen *(z.B. Hochschwarzwald Tourismus GmbH)* darstellt, schlossen sich am Dachstein drei Tourismusdestinationen zu einer „*movelo*-Region" zusammen, um einen Großteil der Koordination und des Marketings an einen darauf spezialisierten Dienstleister abzugeben. Im Taubertal wird das E-Bike-Angebot einzig unter der Dachmarke

---

[29] Die Dachstein-Region wird zwar von etwa doppelt so vielen Touristen besucht als das Taubertal, doch entfällt dort ein großer Anteil der Ankünfte auf die für den Radtourismus nicht relevanten Wintermonate.

Liebliches Taubertal koordiniert und beworben. Schließlich unterscheiden sich die E-Bike-Angebote in der Dauer ihrer Existenz. Während man am Dachstein erst auf zwei Saisons mit Elektrofahrrädern zurückblicken kann, existiert das E-Bike-Angebot im Südschwarzwald bereits seit fünf Jahren.

Tabelle 4: Die Destinationen im Vergleich: E-Bike-Infrastruktur

	Taubertal	Südschwarzwald	Dachstein
E-Bike Angebot seit	2010	2008	2011
Verleihstationen	11	38	8
Akkuladestationen	56	ca. 40	KEINE[30]
Akkuwechselstationen	KEINE	23	19
E-Bike-Routen[31]	10	28[32]	20
Gesamtstrecke (E-Bike-Routen)	596 km	841 km	501 km
Durchschnittliche Streckenlänge	49,7 km	35,0 km	26,4 km
Gesamthöhenmeter (E-Bike-Routen)	6.292 hm	16.070 hm	13.978 hm
Durchschnittliche Höhenmeter	524 hm	672 hm	736 hm

Quellen: LIEBLICHES TAUBERTAL, 2012; NATURPARK SÜDSCHWARZWALD, 2012; MOVELO-REGION SCHLADMING DACHSTEIN, RAMSAU AM DACHSTEIN, FILZMOOS, 2012

Beim Vergleich der durchschnittlichen Streckenlängen bzw. Höhenmeter wird deutlich, dass mit dem Anstieg der Reliefenergie einer Region die durchschnittlichen Strecken kürzer werden, während die zu bewältigenden Höhenmeter zunehmen. Eine Klassifizierung aller E-Bike-Touren nach dem *Eurobike-Systemstandard©* für Touren- bzw. Genussradfahrer *(siehe 2.2.3)* zeigt, dass die Höhenquotienten und damit die Schwierigkeitsgrade der E-Bike-Routen sich entsprechend der Topographie der jeweiligen Untersuchungsregion verhalten *(siehe Diagramm 7)*. An der Tauber sind alle außer einer Route im leichten Bereich. Die E-Bike-Touren im Südschwarzwald sind

---

[30] An der Tourist-Info in Schladming befindet sich eine (kaum genutzte) öffentliche Ladestation für E-Bikes, welche allerdings nicht als Teil der E-Bike-Infrastruktur vermarktet wird.

[31] Diese Routen sind mit einer Ausnahme (Seenradweg Hochschwarzwald) keine expliziten E-Bike-Routen, sondern werden auch für Touren- bzw. MTB-Fahrer beworben.

[32] Zusätzlich bestehen im Naturpark Südschwarzwald weitere zehn E-Bike Routen der in der Oberrheinebene gelegenen Tourismusverbände Lörrach (2) und Bad Bellingen (8). Diese wurden allerdings aufgrund ihres ebenen Streckencharakters nicht bewertet.

teils mittelschwer, teilweise auch im schweren Bereich. Mit einer Ausnahme befinden sich alle für E-Bikes ausgewiesene Touren am Dachstein dagegen im schweren Bereich. Im Falle der ausgewählten Untersuchungsregionen weisen 91 % der E-Bike-Routen einen Höhenquotienten zwischen 6 und 30 auf. Auch in den Hochgebirgsdestinationen am Dachstein müssen nur auf 25 % der Routen noch mehr Höhenmeter pro Strecke zurückgelegt werden. Völlig flache Routen unter HQ = 6 (z.B. entlang der Tauber) wurden nicht als E-Bike-Routen ausgewiesen.

Entscheidend ist jedoch, dass zwar alle Touren im Lieblichen Taubertal, aber nur 23% der Touren im Südschwarzwald und nur eine einzige E-Bike Tour am Dachstein unterhalb der Grenzwertschwelle für Genussradler liegen. Alle Touren unter dieser Grenzwertschwelle könnten demnach auch ohne zusätzlichen Elektroantrieb „mit Genuss" befahren werden. Dass die Mehrheit der Touren im Mittel- und mit einer Ausnahme alle Touren im Hochgebirge über dieser Schwelle liegen, zeigt deutlich, dass das E-Bike hier Räume erschließt, die bisher sonst nur Mountainbikern zugänglich waren.

Diagramm 7: Höhenquotienten und Schwierigkeitsgrade der E-Bike-Touren

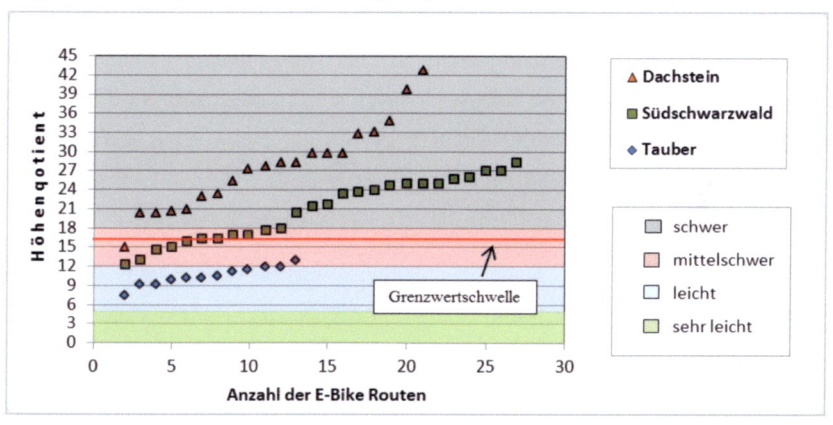

Quellen: Eigene Darstellung nach LIEBLICHES TAUBERTAL (2012); NATURPARK SÜDSCHWARZWALD (2012); MOVELO-REGION SCHLADMING DACHSTEIN, RAMSAU AM DACHSTEIN, FILZMOOS (2012); BIEDERMANN (2009) [n = 58]

3.2 Konzeption und Methodik

Im folgenden Kapitel wird das Forschungsdesign im Detail vorgestellt. Dabei wird zunächst die Auswahl der Erhebungsmethoden begründet. Anschließend werden Konzeption, Durchführung und Auswertungsmethode jeder Datenerhebung einzeln beschrieben.

3.2.1 Auswahl der Erhebungsmethoden

Aufgrund der noch großen Lücke im Forschungsstand zum E-Bike-Tourismus sollte sowohl dessen Angebots- als auch die Nachfrageseite näher erforscht werden. Neben quantitativen Daten, sollten vor allem die qualitativen Aspekte der Thematik im Fokus der Datenerhebung liegen. Daher erschien ein Methodenpluralismus verschiedener Varianten der Befragung sinnvoll. Zum Einsatz kamen zwei Instrumente der empirischen Sozialforschung: Das Experteninterview und die schriftliche Befragung. Insgesamt wurden schließlich drei Erhebungen durchgeführt: Eine Online-Befragung der E-Bike-Verleiher sowie Experteninterviews mit den Koordinatoren der drei Untersuchungsgebiete. Zusätzlich wurde eine weitere, deutlich kürzere Online-Umfrage mit E-Bike-Urlaubern durchgeführt.

Bei der Befragung der Elektrofahrrad-Verleiher beinhaltete die Online-Umfrage zunächst den Vorteil, dass die Teilnehmer sicher sein konnten, dass ihre Anonymität gewahrt blieb. Dies war insofern wichtig, da sie u.a. Angaben zu ihrem ökonomischen Erfolg machen sollten. Zudem konnten die gerade in der Saison sehr beschäftigten Teilnehmer so den Zeitpunkt der Bearbeitung selbst bestimmen.

Die Ergänzung der Datenerhebung durch Experteninterviews soll in erster Linie dazu dienen, neben der durch Umfragen ermittelten Angebots- und Nachfrageseite auch den Implementierungsprozess durch die Entscheider bzw. Planer der touristischen E-Bike-Angebote mit aufzunehmen. Insbesondere die Zielsetzungen und bisherigen Erfahrungswerte standen hierbei im Mittelpunkt.

Für die erneute Wahl der Online-Befragung für die Gruppe der E-Bike-Urlauber sprachen ebenfalls mehrere Gründe. Zielsetzung war es eine randomisierte Auswahl von Menschen zu erreichen, welche bereits mindestens einmal im Urlaub ein E-Bike genutzt hatten. Diese Gruppe und die Regionen, in welchen die E-Bike-Urlauber ihre Erfahrung(en) gesammelt hatten, sollten darüber hinaus nicht geographisch vorsortiert sein. Daher konnten z.B. keine Kunden von E-Bike-Veranstaltern angeschrieben werden, da diese ihre Erfahrung(en) ja in den begrenzten, vom Veranstalter gewählten Gebieten gemacht hatten. Ferner konnte so die Problematik umgangen werden, dass bei einer Befragung von Radfahrern „im Feld" meist nur Radfahrer in Gaststätten oder an Sehenswürdigkeiten befragt werden können, da es äußerst schwierig ist, sich in Bewegung befindliche Radler für eine Umfrage zu begeistern. Schließlich erspart die Online-Umfrage das mühsame Eingeben der Daten.

3.2.2 Online-Befragung: E-Bike-Verleiher

Ziel der Online-Befragung war eine Vollerhebung unter allen E-Bike-Verleiher der drei Untersuchungsgebiete. Alle auf den Internetseiten der Tourismusdestinationen gelisteten E-Bike-Verleihbetriebe wurden angeschrieben und nach einer kurzen Ausführung des Forschungsvorhabens gebeten sich zehn Minuten für die Beantwortung eines anonymen Online-Fragebogens zu nehmen. Die Befragung entspricht einer Primärdatenerhebung, da noch keine Daten über die Erfahrungen der Anbieterseite im E-Bike-Tourismus vorhanden sind.

Da es sehr aufwendig gewesen wäre, eine große Gruppe E-Biker im Feld zu befragen, wurden die Elektrofahrrad-Verleiher, obwohl sie die Angebotsseite repräsentieren, im Fragebogen teilweise darum gebeten Verhaltensweisen von Nutzern einzuschätzen. Hintergrund der Überlegung war, dass die Verleiher im direkten Kontakt zu den Nutzern stehen und daher in vielen Fällen in der Lage sind, das Verhalten ihrer Kunden annähernd realistisch einzuschätzen (z. B. die Frage nach der bevorzugten Streckenlänge). Des Weiteren kann so ein viel größeres Datenvolumen an Erfahrungswerten gebündelt erfasst werden.

Der Online-Fragebogen *(siehe Anlage 5)* wurde mit der Umfrage-Software *SoSci Survey* entworfen und durchgeführt. Dieses professionelle internetbasierte Software-Paket ist speziell für wissenschaftliche online-Fragebögen konzipiert und auf der Internetseite *www.soscisurvey.org* für Studierende kostenlos nutzbar. Es bestand jederzeit die Möglichkeit, den Fragebogen zu ändern, die Rücklaufstatistik einzusehen und den Untersuchungszeitraum beliebig zu verlängern. Alle Daten, welche während der Erhebung einflossen, blieben bis zum abschließenden Download auf dem Server des Anbieters. Die gewonnen Daten verschiedener Skalenniveaus wurden von der Software automatisch codiert und als *Excel*-Datei verfügbar gemacht.

Der Fragebogen bestand aus 31 Fragen, welche sich auf neun Seiten verteilten. Die Konzeption der Erhebung kann als Mischform qualitativer und quantitativer Sozialforschung betrachtet werden. Indem gewisse Ansichten auf einen Teil ihrer Bedeutung reduziert und in bestimmten vorformulierten Auswahlkategorien erfasst werden, werden qualitative Daten quantifizierbar (vgl. WITT, 2001). Es wurden verschiedene Fragetypen angewandt, jedoch nur eine offene Fragestellung eingebaut, um die Teilnehmer zeitlich nicht zu viel zu beanspruchen. Bis auf die ersten beiden Fragen (nach *Region* bzw. *Funktion neben Elektrofahrradverleih*), mussten die Fragen nicht zwingend ausgefüllt werden. Sozio-demographische Daten der E-Bike-Verleiher wurden, da sie selbst nicht als Adoptoren auftreten, als nicht ermessenswert erachtet und folglich nicht erhoben.

Ein P r e t e s t ging an die drei jeweiligen regionalen Koordinatoren der E-Bike-Projekte und zusätzlich an Herrn Ernst Miglbauer (*invent GmbH*, Berater für Fahrradtouristische Entwicklung; *adfc*-Fachausschuss Tourismus) und an Reiner Kolberg (Betreiber des E-Bike-Forums *www.e-bikeinfo.de*). Es erfolgten jedoch nur optische Veränderungen. Anschließend wurde der Link zum Online-Fragebogen mit der Bitte diesen um Bearbeitung an alle E-Bike-Verleiher der drei Untersuchungsgebiete per E-Mail versandt (30. Aug. 2012). Da der Rücklauf zunächst äußerst schleppend verlief, führte der Verfasser mit allen 38 Elektrofahrradverleihern ein Telefonat mit der erneuten Bitte – und einer E-Mail inkl. Link – die Umfrage zu bearbeiten. Bis zum 9. Nov. 2012 wurde der Online-Fragebogen 43 mal aufgerufen. Sechs Teilnehmer bearbeiteten die Umfrage jedoch sehr schnell und unvollständig und wurden daher aus der Auswertung heraus genommen. Durchschnittlich wurden 7½ Minuten zum Ausfüllen benötigt. Das Befragungsprojekt wurde mit einem verwertbaren Gesamtrücklauf von 37 von 57 möglichen Anbietern bzw. 64,9 % abgeschlossen *(siehe Tab. 5)*.

Tabelle 5: Rücklauf der Online Umfrage „*E-Bike-Verleiher*"

Untersuchungsregion	Verleihbetriebe	teilgenommen	Rücklauf
Liebliches Taubertal	11	7	63,6 %
Südschwarzwald	38	24	63,2 %
Dachstein	8	6	75,0 %
SUMME	57	37	**64,9 %**

Quelle: Eigene Erhebung, Aug.-Nov. 2012

Die statistische Auswertung und Aufbereitung der Umfragedaten im Tabellenkalkulationsprogramm *Excel* erfolgte durchweg deskriptiv. Die Beobachtungsdaten wurden stets nach Untersuchungsregion aufgetrennt und meist als Häufigkeitsverteilungen innerhalb ihrer Untergruppe prozentual dargestellt. In manchen Fällen wurden die arithmetischen Mittelwerte von vergebenen Rangplätzen gegeneinander aufgetragen. Aufgrund der kleinen Grundgesamtheit wurden jedoch keine Maßzahlen des statistischen Zusammenhangs (z.B. Korrelationswerte (vgl. ATTESLANDER, S. 241) bestimmt. Daher umfasst die Ergebnisauswertung *(siehe Kap. 3.3.1)* primär die Beschreibung und Interpretation der erhobenen Kennzahlen.

3.2.3 Experteninterviews

Zweck der Experteninterviews war es den E-Bike-Tourismus aus Sicht der Entscheider zu beleuchten. Hierzu wurde in jeder Untersuchungsregion die verantwortliche Koordinatorin bzw. Koordinator des touristischen E-Bike-Angebots interviewt. Darüber hinaus wurde zum weiteren Informationsgewinn ein Experteninterview mit Herrn Egon HIRT, Betreiber des Akkuwechselsystems und Inhaber von *Ski-Hirt*, dem größten Fahrrad- und E-Bike-Verleiher im Südschwarzwald, durchgeführt. Die Informationen aus diesem Interview wurden von den übrigen gesondert verwertet.

Wie SCHEUCH immer noch sehr aktuell definiert, soll auch in dieser Studie das Forschungsinstrument Interview als „[…] *planmäßiges Vorgehen mit wissenschaftlicher Zielsetzung [verstanden sein], bei dem Versuchspersonen durch eine Reihe gezielter Fragen oder mitgeteilter Stimuli zu verbalen Informationen veranlasst werden sollen.*" (SCHEUCH 1973: 70f. in: DIEKMANN, 2002, S. 375).

Da neben einigen quantitativen Daten zur E-Bike-Infrastruktur, mehrheitlich nach qualitativen Aspekten gefragt wurde, fanden die Experteninterviews in Form einer teilstrukturierten Befragung statt. Obgleich die Fragen auf einem Gesprächsleitfaden vorformuliert waren, blieb die Abfolge der Fragen offen. Ferner bestand die Möglichkeit – wie bei einem unstrukturierten Interview – auf Themen, welche sich aus dem Gespräch ergeben, einzugehen und so weitere, vorher nicht formulierte Fragen zu stellen. Der teilweise standardisierte Gesprächsleitfaden enthielt sowohl offene als auch geschlossene Fragen. Bei geschlossenen Fragestellungen wurden dem Interviewpartner Antwortkategorien vorgegeben mit dem Ziel keine zu vagen Antworten zu erhalten und die anschließende Vergleichbarkeit zu erleichtern. Dennoch sind etwa die Hälfte der Fragen offen formuliert, um den Teilnehmern die Möglichkeit zu geben, eigene Beobachtungen und Einschätzungen einzubringen ohne durch eine Vorauswahl an Antwortkategorien die Auskunft einzuschränken (vgl. ATTESLANDER, 2008, S. 121-139).

Der Gesprächsleitfaden enthielt 23 Fragestellungen und gliederte sich thematisch in zwei etwa gleich große Abschnitte. Die Fragen im ersten Teil bezogen sich überwiegend auf die touristische E-Bike-Angebot und sollten Erkenntnisse über Hintergründe, Ausgangssituation, Konzeption aber auch Zielsetzungen des jeweiligen E-Bike-Angebots liefern. Im zweiten Teil wurden die Experten nach ihren subjektiven Einschätzungen zum bisherigen und zukünftigen Erfolg des E-Bike-Tourismus befragt. Die Fragen wurden von den Interviewpartnern mündlich beantwortet und wurden nach vorheriger Absprache auf einem digitalen Aufnahmegerät aufgezeichnet. Die Interviews dauerten zwischen 37 und 53 Minuten und wurden in den Büros der Interviewpartner durchgeführt.

Zur überwiegend deskriptiven Auswertung erfolgte eine Transkription der Expertenaussagen in eine *Excel*-Tabelle, wobei offensichtlich Unwichtiges ausgelassen wurde. In einem nächsten Schritt wurden die Aussagen paraphrasiert. In einem dritten Schritt folgte eine Überprüfung der Antworten, wobei wiederholende oder ergänzende Aussagen eines Interviewten zusammengelegt bzw. der geeigneten Frage zugeordnet wurden. Die wichtigsten Ergebnisse der Experteninterviews wurden in einer Tabelle zusammengefasst, welche die Untersuchungsregionen hinsichtlich der Zielsetzungen und Erfahrungswerte ihres E-Bike-Konzepts miteinander vergleicht *(siehe Tab. 6)*.

3.2.4 Online-Befragung: E-Bike-Urlauber

Ergänzend zur Befragung der Anbieterseite, sollte eine Befragung der E-Bike-Urlauber ausschließlich dazu dienen, Präferenzen hinsichtlich der mit dem E-Bike zu befahrenden Landschaftstypen zu erkennen. Die Konzeption des Online-Fragebogens *(siehe Anlage 6)* wurde ebenfalls mit *SoSci Survey* entworfen. Aufgrund des schlechten Rücklaufs bei der Online-Befragung der Verleiher, wurde, um möglichst viele Teilnehmer zu einer vollständigen Beantwortung zu motivieren, der Fragebogen zunächst auf sieben geschlossene Fragen beschränkt und der Zeitaufwand so minimiert. Dem Fragebogen ging eine kurze Erläuterung des Vorhabens voraus und die Bedingung, dass der Teilnehmer mindestens einmal zuvor im Urlaub E-Bike gefahren sein muss. Der P r e t e s t wurde von den obengenannten Experten Miglbauer und Kolberg sowie zusätzlich von fünf dem Autor privat bekannten E-Bike-Fahrern bearbeitet. Der Fragebogen wurde anschließend wenig geändert, jedoch um zwei Fragen [3; 5] für das Informationsportal *www.e-bikeinfo.de* erweitert.

Um den Bedingungen einer einfachen Zufallsstichprobe nahe zu kommen, sprich eine randomisierte Auswahl an E-Bike-Urlaubern zu erreichen, wurden zwei deutsche Informationsportale und eine Internetseite eines österreichischen Anbieters für touristische Elektromobilität ausgewählt, welche freundlicherweise einen Link zum Online-Fragebogen für ca. zwei Wochen auf folgende Webseiten platzierten.

- *http://www.e-bikeinfo.de* (31.7.12)   [E-Bike-Informationsportal, Deutschland]
- *http://www.extraEnergy.org* (11.10.12)   [Verein zur Promotion von E-Bikes]
- *http://www.kaloveo.com* (30.10.12)   [Elektromobilitätsanbieter , Österreich]

Zusätzlich wurde der Link zur Umfrage in folgenden zwei einschlägigen *Facebook*-Foren eingestellt:

- *ebike von E BIKE*   (*https://www.facebook.com/ebike.von.EBIKE?fref=ts*)
- *E Bike und Pedelecs*   (*https://www.facebook.com/groups/255795807868568/?fref=ts*)

Zunächst war der Rücklauf sehr schwach. Im ersten Monat (September) wurden nur 35 Online-Fragebögen bearbeitet. Nachdem der Link aber bei *www.extraEnergy.org* eingestellt wurde, kamen buchstäblich über Nacht 75 Bearbeitungen hinzu. Bei Abschluss der Datenerhebung am 11. Nov. 2012 wurde der Link zur Online-Befragung 386 mal angeklickt. Der Rücklauf maß 163 begonnene Befragungen. 25 Online-Fragebögen (15,3 %) wurden zu rasch bzw. unvollständig ausgefüllt und wurden aus der Auswertung ausgeschlossen. Somit besteht der Datensatz aus 139 abgeschlossenen Fragebögen. Die Auswertung erfolgte ebenfalls in Excel. Die Ergebnisse finden sich in *3.3.3*. Der Autor weist darauf hin, dass die Ergebnisse dieser Befragung aufgrund der Stichprobenauswahl nicht repräsentativ sind *(siehe Methodenkritik, Kap. 3.4)*.

3.2.5 Teilnehmende Beobachtung

Während der Feldstudie begab sich der Autor der vorliegenden Arbeit in die Rolle eines E-Bike-Touristen und nahm das bestehende E-Bike-Angebot nach Möglichkeit wahr. Ziel war es zu erfahren, in welchem Maße das E-Bike die körperliche Anstrengung während einer Radtour erleichtert. Die wichtigste Erkenntnis für den Autor dabei war die Feststellung, dass trotz hochwertigsten E-Bike-Modellen „auch bergige Etappen" zwar „geradezu spielend" jedoch nicht „jede steile Bergstraße zum topfebenen Terrain" wurde, wie es der Werbetext suggeriert (vgl. SCHLADMING-DACHSTEIN, 2012).

In allen Untersuchungsregionen wurden mehrere Touren mit einem Pedelec (Dachstein) bzw. S-Pedelec (Taubertal & Südschwarzwald) befahren, insbesondere jene Routen, die speziell für das Elektrofahrrad konzipiert wurden. Dabei wurden alle Begegnungen mit Fahrrad- und E-Bike-Fahrern gezählt. Zusätzlich führte der Verfasser mehrere informelle Interviews mit Verantwortlichen von Verleihbetrieben, Betreibern von Akkulade- und Wechselstationen und E-Bike-Fahrern geführt.

3.3 Ergebnisse

3.3.1 Online-Befragung der E-Bike-Verleiher

Der Stichprobenumfang der Erhebung unter Elektrofahrrad-Verleihern umfasst insgesamt 37 Betriebe. Die Mehrheit der befragten Verleihbetriebe sind in ihrer ersten Funktion Fahrradgeschäfte (39 %) oder Beherbergungsbetriebe (34 %). Fünf (13 %) befragte Verleihstationen sind in ihrer ersten Funktion Tourist-Informationen. Ferner waren unter den teilnehmenden Verleihbetrieben ein Campingplatz, ein gastronomischer Betrieb, ein Minigolfplatz, ein Sportgeschäft und ein Fahrradhersteller [Frage 2].

Insgesamt wurden 67 % aller Verleihbetriebe befragt. Die Anzahl der Elektrofahrrad-Verleiher ist dabei deutlich ungleich verteilt – knapp zwei Drittel (25) der befragten Betriebe befinden sich im Südschwarzwald *(siehe Diagramm 8)*. Aufgrund dieser Tatsache wurden keine gemittelten Gesamtwerte für alle Verleiher berechnet, sondern die Ergebnisse der einzelnen Untersuchungsgebiete jeweils gesondert analysiert. Die Nebeneinanderstellung der Einzelanalysen bietet die Möglichkeit weitere Rückschlüsse aus deren Vergleich zu ziehen. Einige Fragen wurden zwar ausgewertet, doch weil diese nachträglich betrachtet keine Aufschlüsse zur Überprüfung der Thesen zulassen, wurden die Ergebnisse aus Platzgründen nicht dokumentiert [Fragen 6; 8; 30].

Diagramm 8: Regionale Verteilung und Seehöhe der E-Bike-Verleihbetriebe[33]

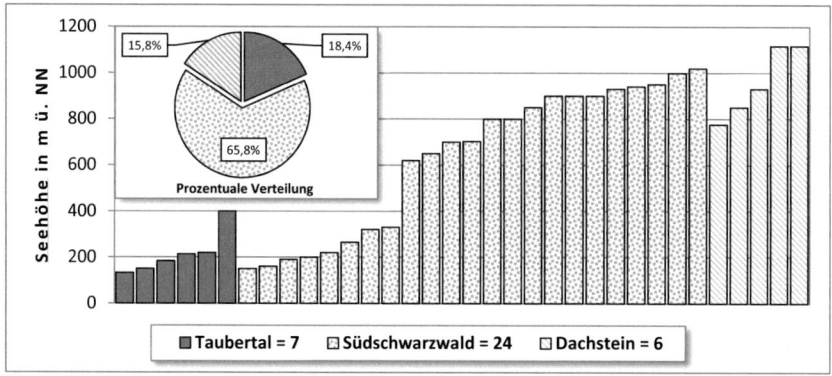

Quelle: Eigene Erhebung, Aug.-Nov. 2012 [n = 37]

Viele Betriebe im Mittelgebirge des Südschwarzwalds sind sogar höher gelegen als Verleihbetriebe am Dachsteingebirge *(siehe Diagramm 8)*. Das bedeutet gleichzeitig, dass im Schwarzwald die Höhenunterschiede zwischen Verleihstation und höchstgelegenen Tourenpunkten und damit auch die Anstiege deutlich geringer sind als am Dachstein. Entscheidend ist daher nicht die Seehöhe der Verleihbetriebe, sondern vielmehr die Topographie der Destination.

Anteil an E-Mountainbikes

Die Mehrheit der Verleihbetriebe (57 %) bieten keine E-Mountainbikes an. Doch selbst im Taubertal werden von immerhin vier von sieben Verleihstationen E-Mountainbikes für die Anstiege in die Seitentäler und auf die Mittelgebirgshochflächen bereitgestellt. Zwei Drittel der Betriebe am Dachstein verleihen zu über 50 % E-MTBs, ein Betrieb sogar zu 100 %. Dennoch werden diese deutlich schlechter verliehen als normale („Tiefeinsteiger") E-Bikes (STEINER, 2012). Auch im Südschwarzwald sind in 38 % der Betriebe mindestens ein Viertel aller Elektrofahrräder sogenannte E-Mountainbikes, in zwei Verleihbetrieben sogar 100 %.

---

[33] Jeweils ein Teilnehmer aus dem Taubertal und der Dachstein-Region machten keine Angabe über die Seehöhe ihres Betriebs.

Angebotsumfang

Wie Diagramm 9 zu entnehmen ist, bieten die meisten Verleiher (insg. 86 %) auch einen *Akkulade-Service* an. Ein *Akkuwechsel* hingegen wird nur von der Hälfte aller Verleiher angeboten. Allerdings beschränkt sich dieser Service auf die Destinationen Südschwarzwald und Dachstein. Weshalb zwei Verleiher im Taubertal einen Akkuwechsel anbieten, bleibt unklar[34]. Die Möglichkeit der Mitnahme eines *Ersatzakkus* ermöglichen weniger als ein Drittel (29 %).

Immerhin vier von zehn Verleihern gestatten eine kostenlose *„Schnupperfahrt"*. Eine *technische Einweisung* ist bei der großen Mehrheit (83 %) obligatorisch. *Geführte E-Bike-Touren* werden von den wenigsten Verleihern angeboten. Allerdings gaben von diesen sieben Verleihern fünf (71 %) an, dass diese von den Nutzern *nur selten* angenommen würden [Frage 11]. Dies deckt sich auch mit dem Interesse der 2009 im Südschwarzwald befragten Passanten. Während 66 % großes Interesse an einer Schnuppertour bekundeten, war das Interesse an geführten Touren eher gering (24 %). Das Bedürfnis nach einer „Heranführung" an das E-Bike scheint gewünscht, die Route wird aber bevorzugt selbstgewählt (PUSSAK & SCHULDT, 2009, S. 10). Die Möglichkeit der „One-Way-Miete", also das geliehene Elektrofahrrad an einem anderen Ort abzugeben, ermöglicht nur knapp ein Fünftel (19 %) der Verleihbetriebe, 43 % davon bieten diesen Service kostenlos an. Im Taubertal besteht diese Option allerdings nirgends [Frage 12].

Diagramm 9: Zusätzliche Angebote der Elektrofahrrad-Verleihbetriebe

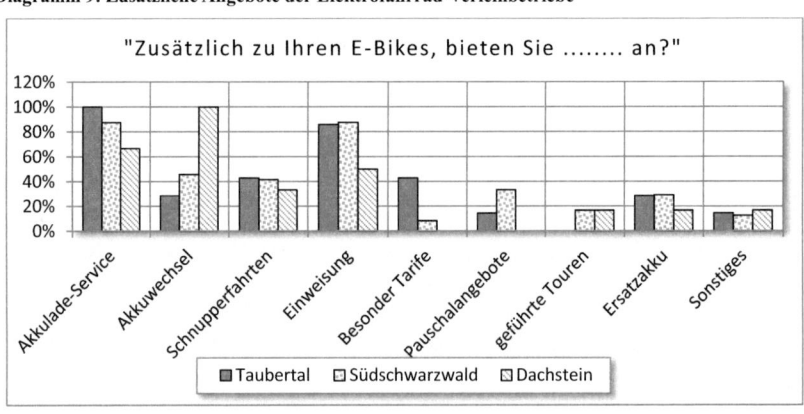

Quelle: Eigene Erhebung, Aug.-Nov. 2012 [n = 37; Mehrfachnennung möglich]

---

[34] Aufgrund der anonymen Befragung, konnten Teilnehmer nicht ihren Daten zugeordnet werden.

Alter der E-Bike-Touristen

Da in den Untersuchungsgebieten keine E-Bike-Touristen befragt wurden, waren die E-Bike-Verleiher gebeten worden die Altersgruppenverteilung ihrer Kunden einzuschätzen. Diagramm 10 zeigt, dass die geschätzte Altersverteilung in allen Untersuchungsregionen ein ähnliches Muster mit einem klaren Peak der meistvertretene Gruppe aufweist. Dieser verschiebt sich allerdings je nach Region. Hier scheint die Topographie einen klaren Faktor darzustellen, denn je mehr Steigungen die Untersuchungsregion besitzt, desto jünger ist die am stärksten vertretene Gruppe. Nach Einschätzung der Verleihbetriebe wäre das Modalalter der E-Bike-Fahrer im Taubertal am höchsten, das der E-Biker in der Dachstein-Region am niedrigsten. In allen Regionen ist die Gruppe der unter 30-jährigen E-Bike-Touristen sehr schwach vertreten, nur am Dachstein sind verhältnismäßig viele E-Biker unter 50 Jahren unterwegs. Im Schwarzwald ist das Gros der E-Biker zwischen 50 und 70 Jahren alt, im Taubertal sehr häufig sogar über 70 Jahre.

Diagramm 10: Altersgruppenverteilung der E-Bike-Urlauber

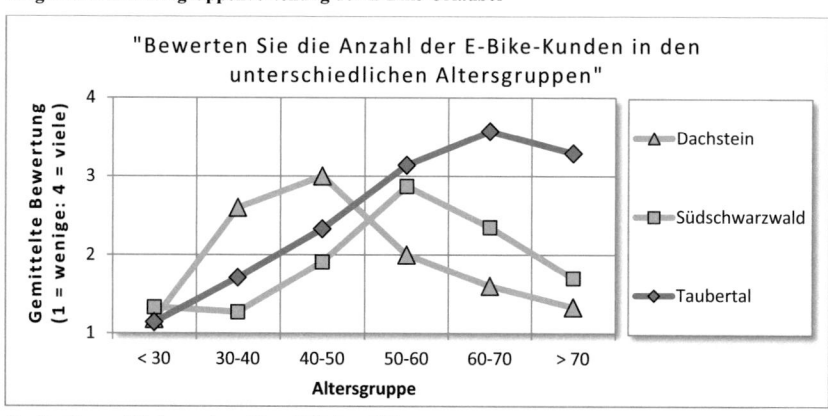

Quelle: Eigene Erhebung, Aug.-Nov. 2012 [n = 37]

Gruppengröße

In allen drei Regionen ordnen die Verleiher die Rangfolge der häufigsten Gruppengrößen[35] von E-Bike-Fahrern gleich. Mit großem Abstand bestehen die meisten Gruppen aus *zwei Personen* (1). Unweit voneinander folgen *einzelne E-Biker* (2) und

---

[35] Hier werden nur jene E-Bike-Touristen gezählt, die sich ein E-Bike geliehen haben

Gruppen von *drei bis vier Personen* (3). *Größere Gruppen* sind überall am seltensten (4) [Frage 14]. Diese Erkenntnis stimmt mit den Ergebnissen der TRENDSCOPE-Studie (2012c, S. 5) überein.

Ausleihdauer und Leihgebühr

Die Ausleihdauer eines Elektrofahrrads *(siehe Diagramm 11)* beträgt in den meisten Fällen *einen halben Tag* bzw. *einen ganzen Tag*. Im Dachstein leihen sich ebenso viele das Rad auch nur wenige Stunden (< 3 h) aus, obwohl dort kein Verleihbetrieb einen Stunden bzw. Tagestarif anbietet. Auch im Schwarzwald lässt sich erkennen, dass viele das in der *Hochschwarzwald Card* inbegriffene Serviceangebot nutzen und das E-Bike bis zu drei Stunden lang gratis testen. Nur an der Tauber leihen sich die Kunden das E-Bike vorrangig einen *ganzen Tag* aus, was bestätigt, dass (Elektro-)Radfahren das Hauptmotiv ihres Urlaubs ist. Das Ausleihen von E-Bikes für *2–3 Tage* kommt in allen drei Destinationen relativ selten, für *länger als 3 Tage* kaum vor. Diese Tatsache liegt möglicherweise am nicht ganz günstigen Preis für die E-Bike-Miete und der noch großen Unsicherheit bezüglich dieser Innovation. Die häufigen kurzen Ausleihzeiten lassen vermuten, dass die Touristen das „neue Gefährt" erst einmal testen möchten. Möglicherweise, weil sie sich damit noch keine Tagestouren zutrauen oder weil Radtouren nicht die Hauptaktivität ihres Urlaubs darstellt.

Diagramm 11: Ausleihdauer von E-Bikes

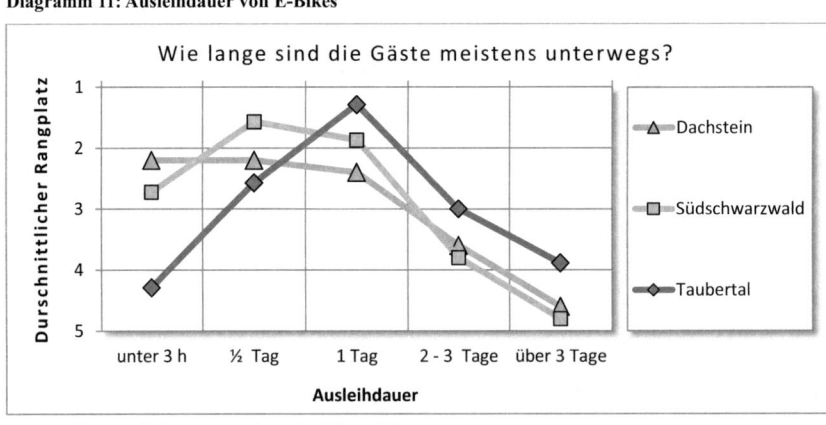

Quelle: Eigene Erhebung, Aug.–Nov. 2012 [n = 37]

Die Mietgebühr für E-Bikes gilt i.d.R. für einen Tag und reicht in einem Fall von 10 € (Südschwarzwald) bis zu 29 € in der Region Dachstein. Als Besitzer der in der Dachstein-Region erhältlichen *Sommercard*[36] wird der letztgenannte Tarif von 29 € allerdings auf 25 € reduziert. Der Mittelwert liegt bei 19,43 €. Im Südschwarzwald bieten 13 Verleihstationen (35 %) einen Halbtagstarif an, welcher mit einem Mittelwert von 11,75 € zwischen 7,50 € und 20 € schwankt [Frage 6].

<u>Streckenempfehlung und Streckenwahl</u>

Um herauszufinden, ob das E-Bike neue Räume erschließt, wurden die Verleiher gefragt, ob sie den E-Bike-Nutzern andere Strecken empfehlen als herkömmlichen Fahrradtouristen *(siehe Diagramm 12)* und ob E-Bike-Fahrer selbständig andere Strecken wählen *(siehe Diagramm 13)*.

Im Taubertal und im Südschwarzwald geben relativ wenige Verleiher an ihren Kunden pauschal andere Wegstrecken zu empfehlen. Am häufigsten macht man es an der Tauber von den Kunden abhängig. Denn hier lässt die Topographie es zu auszuwählen, ob ihnen zu einer Fahrt entlang der Tauber oder eine Steigungen beinhaltende Tour in die Seitentäler und auf das den Fluss säumende Mittelgebirge geraten wird. Auch im Südschwarzwald wägen die meisten Verleiher je nach Person ab. Fast ebenso viele raten allerdings auch zu den gleichen Routen, was im Zusammenhang mit den moderaten Anstiegen der Routen stehen dürfte. Am häufigsten wird E-Bike-Touristen in der Dachstein-Region eine alternative Strecke empfohlen. Gleichzeitig macht man dort am häufigsten keinen Unterschied. Dies lässt sich dort wohl durch den hohen Anteil an Mountainbikern erklären, welchen sie die gleichen Strecken empfehlen als den Nutzern von E-Bikes. Tourenradfahrern ohne Motorunterstützung würden sie wohl gänzlich andere Strecken raten.

---

[36] Die Sommercard ist eine Inklusivkarte in der Region Schladming-Dachstein, welche jeder Besucher in der Sommersaison ab einer Übernachtung gratis erhält.

Diagramm 12: Streckenempfehlung

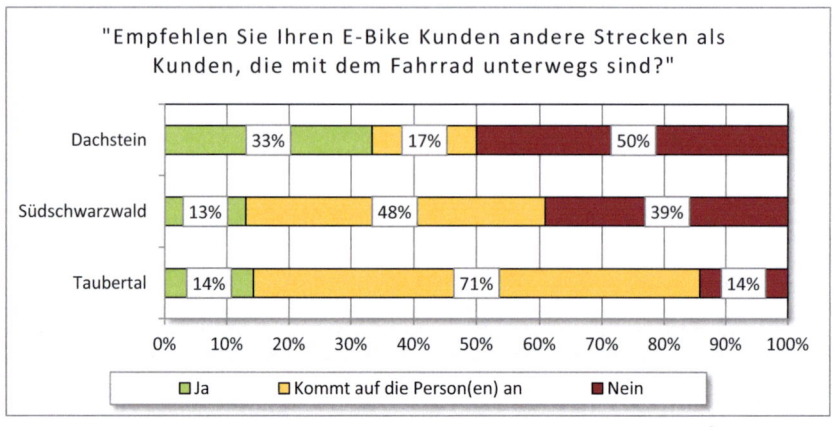

Quelle: Eigene Erhebung, Aug.–Nov. 2012 [n = 36]

Das Ergebnis der Einschätzung zur selbständigen Streckenwahl der E-Bike-Touristen festigt die Tendenzen der Streckenempfehlung. Besonders im Taubertal und im Schwarzwald werden von einem Teil der Nutzer – aufgrund der Motorunterstützung – alternative Strecken gewählt. In der alpinen Untersuchungsregion lässt die Topographie kaum Touren ohne steile Streckenabschnitte zu, weshalb die Wahl alternativer Strecken vermutlich seltener auftritt. Der Radtourist im Dachstein ist zum allergrößten Teil sowieso ein Mountainbiker, der bewusst Steigungen bewältigen möchte. Insgesamt ist festzustellen, dass E-Biker nicht per se andere Strecken als Fahrradfahrer benutzen.

Diagramm 13: Streckenwahl der E-Bike-Touristen

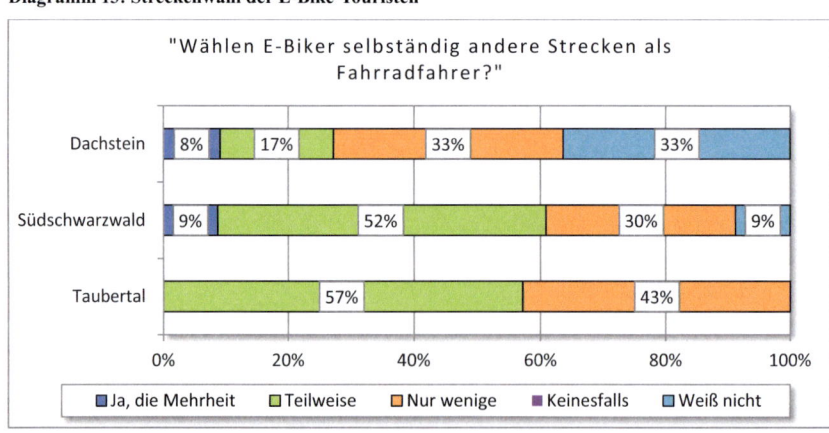

Quelle: Eigene Erhebung, Aug.-Nov. 2012 [n = 36]

Streckentypen

Obwohl das Elektrofahrrad das Befahren von Steigungen zu einer angenehmen Betätigung vereinfacht, wurde sowohl im steigungsarmen Taubertal, als auch in der topographisch bewegten Dachstein-Region die Reihenfolge der am häufigsten genutzten Streckentypen konsequent von Strecken mit weniger anspruchsvollem Tourenverlauf bis hin zu Strecken starken Steigungen und vielen Höhenmetern geordnet *(siehe Diagramm 14)*. Im Südschwarzwald wurde die Wahl von Strecken mit *mittleren Steigungen* etwa gleich häufig wie die Wahl leichterer Strecken mit *geringen Steigungen* eingeschätzt. Sicherlich ist zu beachten, dass Steigungen relativ wahrgenommen werden und eine Passage, welche im Hochgebirge als „geringe Steigung" beurteilt würde, von den Verleihern des Taubertals als „starke Steigung" empfunden werden kann. Zudem ist die Wahl des Streckentyps wohl auch vom Standort der Verleihstation abhängig. Insgesamt unterstreicht die folgende Grafik jedoch, dass die meisten E-Bike-Fahrer dem Typ „Genussradler" zugeschrieben werden können, welcher das Erlebnis in den Vordergrund stellt und nicht die sportliche Leistung *(vgl. Kap. 2.4.5)*.

Diagramm 14: Streckentypen

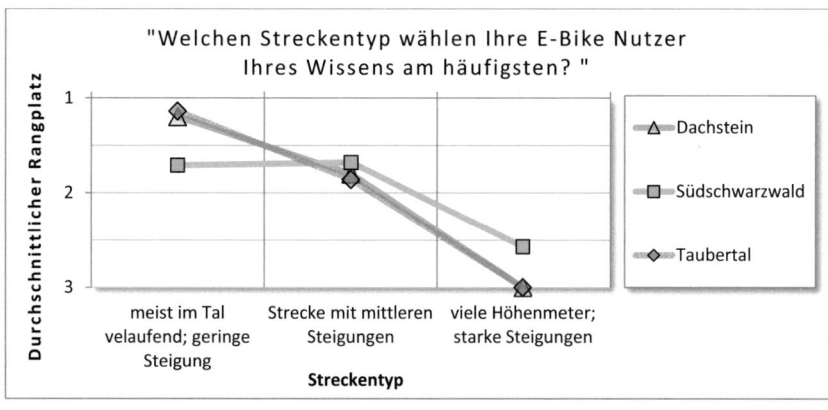

Quelle: Eigene Erhebung, Aug.-Nov. 2012 [n = 37]

Streckenlänge

Die durchschnittlichen Streckenlängen der E-Bike-Fahrer verkürzen sich mit steigender Reliefenergie der Destination *(siehe Diagramm 15)*. Im Südschwarzwald sind Tagesetappen zwischen 20 km und 40 km die häufigste Wahl. Ähnlich verhält es sich in der Dachstein-Region, allerdings werden dort fast ebenso häufig Strecken unter 20 km gefahren – vermutlich von jenen Touristen, welche das E-Bike erst einmal vorsichtig testen möchten. An der Tauber fahren die Mehrheit der Touristen hingegen deutlich längere Strecken. Die meisten radeln hier zwischen 40 km und 50 km, nicht wenige auch bis 60 km am Tag.

Diagramm 15: Zurückgelegte Streckenlängen von E-Bike-Touristen

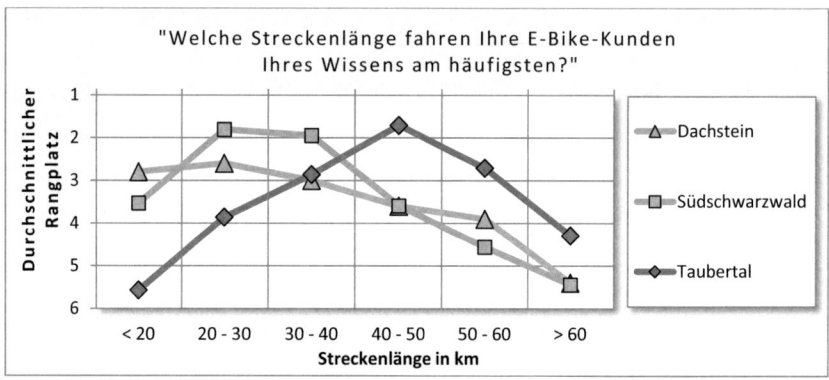

Quelle: Eigene Erhebung, Aug.-Nov. 2012 [n = 37]

Anschließend sollen die bevorzugten Streckenlängen der E-Bike-Touristen nun im Vergleich zu jenen herkömmlicher Radtouristen betrachtet werden *(siehe Diagramm 16)*. Die meisten Verleiher geben an, dass die Mehrheit der Touristen mit dem E-Bike längere Tagesstrecken zurücklegt. Im Taubertal bestätigen dies sogar alle Verleihbetriebe, wenn auch zwei Drittel der Meinung sind, dass die E-Bike-Fahrer nur *etwas längere* Strecken bewältigen. Auch im Mittel- und Hochgebirge geben die Mehrheit der Verleiher *deutliche* oder *etwas längere* Strecken an, während einige der Meinung sind, dass sich die Strecken durch die Nutzung eines E-Bikes nicht verlängern. Im Südschwarzwald geben sogar drei Elektrofahrradverleiher an, dass die E-Bike-Fahrer kürzere Strecken bewältigen als Radfahrer. Möglicherweise ist dies mit der zwar kostenlosen, dreistündigen E-Bike-Miete mit der *Hochschwarzwald Card* zu erklären.

Diagramm 16: Zurückgelegte Streckenlängen im Vergleich: E-Bike vs. Fahrrad

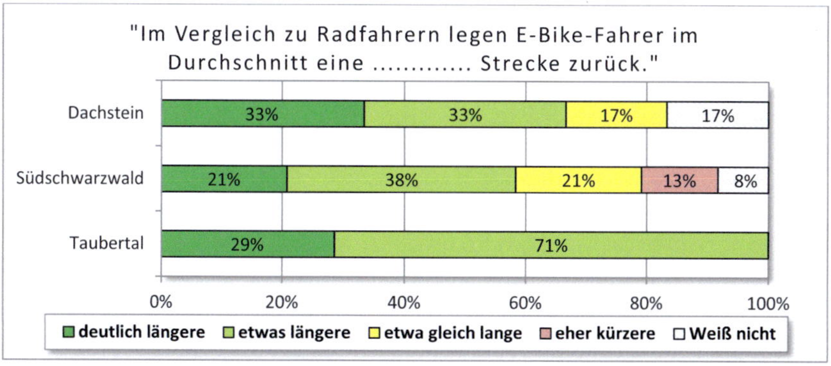

"Im Vergleich zu Radfahrern legen E-Bike-Fahrer im Durchschnitt eine .... Strecke zurück."

Gebiet	deutlich längere	etwas längere	etwa gleich lange	eher kürzere	Weiß nicht
Dachstein	33%	33%	17%		17%
Südschwarzwald	21%	38%	21%	13%	8%
Taubertal	29%	71%			

Quelle: Eigene Erhebung, Aug.-Nov. 2012 [n = 37]

Akkureichweite

Insgesamt erhalten die Verleih-Betriebe nur wenige Beschwerden hinsichtlich der Reichweite der E-Bike-Akkus *(siehe Diagramm 17)*. Allerdings existieren zwischen den Untersuchungsgebieten in dieser Hinsicht unverkennbare Unterschiede. Auffällig ist, dass – anders als zu vermuten – die meisten Beschwerden an der Tauber und im Schwarzwald auftreten, obwohl gerade lange Steigungen am ehesten die Akkuladung unverhofft schnell aufbrauchen. Die wahrscheinlichste Begründung ist die unterschiedliche E-Bike-Infrastruktur. Während das Akkuwechselsystem am Dachstein kaum zu Beschwerden führt, kommt es im Schwarzwald mit dem parallelen System aus Lade- und Wechselstationen durchaus zu einigen negativen Erfahrungen. Das ausschließlich auf Ladestationen ausgelegte System im Taubertal erhält die häufigsten Beschwerden, eventuell weil lange Ladezeiten einige Gäste verärgern. Dies könnte allerdings auch mit den dort längeren E-Bike-Touren erklärt werden.

Diagramm 17: Akku-Reichweite

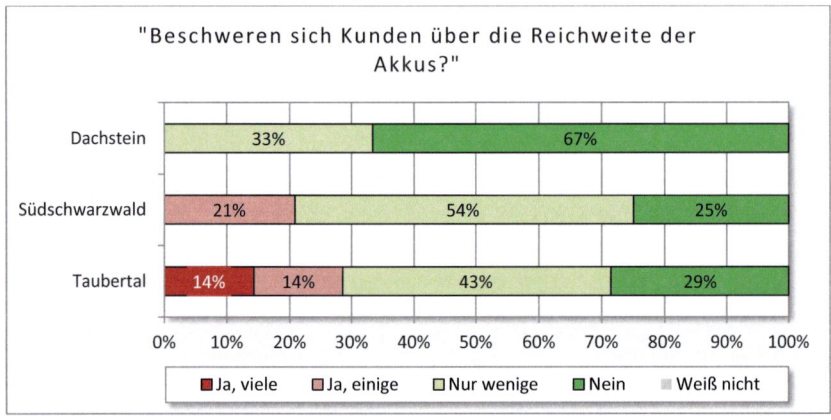

Quelle: Eigene Erhebung, Aug.-Nov. 2012 [n = 37]

Anreisemotiv und Stellenwert der E-Bike-Fahrt im Urlaubs

Auf die Frage, welchen Stellenwert die Gäste der Urlaubsregionen dem E-Bikefahren beimessen *(siehe Diagramm 18)*, nehmen die meisten E-Bike-Verleiher an, dass ihre Kunden das E-Bike *spontan ausprobieren*. Nur im Südschwarzwald waren etwas mehr Verleiher der Meinung, dass für viele Gäste das E-Bikefahren *nur eine von vielen geplanten Urlaubs-Aktivitäten* darstellt. Im Taubertal wurde diese Option gleichgestellt mit der Einschätzung, dass E-Bikefahren *das Hauptmotiv* der Urlaubsgäste ist. Im Hochgebirge erschien es allen Verleihern am unwahrscheinlichsten, dass Gäste vorrangig zum E-Bikefahren Urlaub in der Region machen und rangierten alle diese Option auf den letzten Platz. Das Ergebnis zeigt, dass je länger eine Destination bereits „E-Bike-Region" ist[37], desto eher vermuten die Verleiher, dass Gäste speziell zum E-Biken die Region besuchen.

---

[37] Südschwarzwald (2008); Liebliches Taubertal (2010); Dachstein (2011)

Diagramm 18: Stellenwert der E-Bike-Nutzung

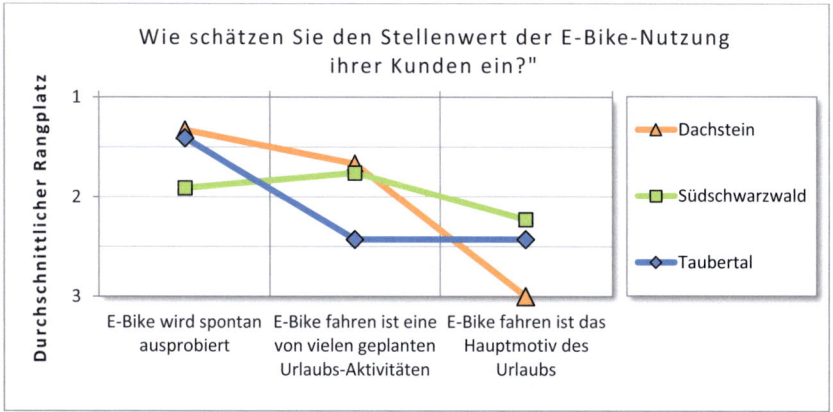

Quelle: Eigene Erhebung, Aug.-Nov. 2012 [n = 37]

Auch in der Bestätigungsfrage *(siehe Diagramm 19)*. können sich zwei Drittel der Dachsteiner Verleiher nicht vorstellen, dass jemand aus diesem Grund die Region besucht. Im Südschwarzwald hingegen verneinen nur zwei Verleiher (8 %) diese Frage. In allen Untersuchungsgebieten sind einige Verleiher der Meinung, dass zumindest einige Touristen explizit zum E-Bikefahren in die Region kommen. Dieser Anteil verringert sich mit steigender Reliefenergie.

Diagramm 19: Anreisemotiv

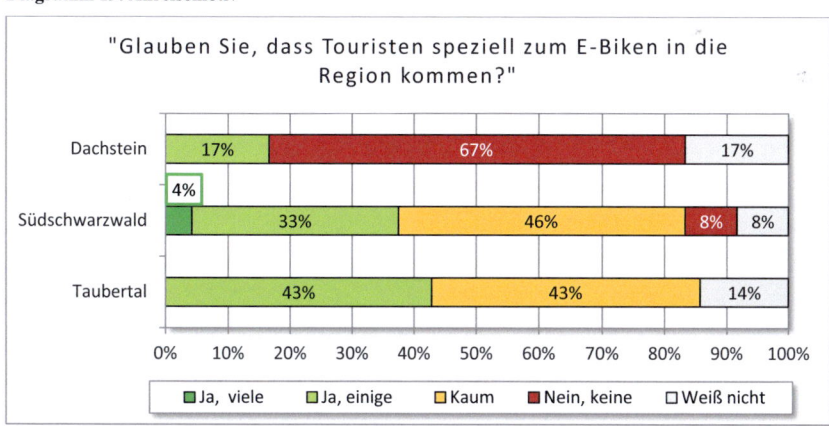

Quelle: Eigene Erhebung, Aug.-Nov. 2012 [n = 37]

E-Biker-Nutzertypologie

Die Mehrheit der Verleihbetriebe geben in allen Untersuchungsgebieten ihre Elektrofahrräder gleich häufig an *erfahrene Radtouristen* als auch an *Touristen mit geringer Raderfahrung*. Dennoch scheint es einigen Verleihern einfacher, ein E-Bike an unerfahrene Radfahrer zu verleihen, als an routinierte Radtouristen. Die Verleiher sind ebenso mehrheitlich der Meinung, dass *regionstreue Touristen* und *erstmalige Besucher* gleich stark unter den E-Bike-Nutzern vertreten sind. Dieses Ergebnis unterstreicht die Tatsache, dass E-Bikes für eine breite Masse an Besuchertypen interessant sind. [Frage, 23; Frage 24].

Auslastung

Die Verleiher wurden gebeten die Auslastung ihrer E-Bikes mit Schulnoten zu beurteilten. Das Ergebnis *(siehe Diagramm 20)* kann weder positiv noch negativ gedeutet werden, da die Antworten das Spektrum von gut bis mangelhaft umfasste. Auffällig ist einzig die regionale Disparität. Während die Durchschnittsnote im Taubertal 2,7 beträgt, bewerteten die Dachsteiner Verleiher die Auslastung durchschnittlich mit 3,0, die Verleiher im Südschwarzwald sogar mit 3,7.

Diagramm 20: Auslastung der E-Bikes

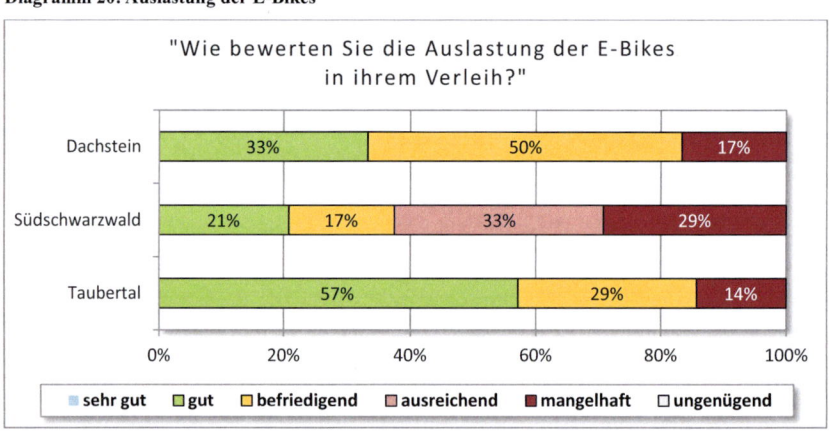

Quelle: Eigene Erhebung, Aug.-Nov. 2012 [n = 37]

E-Bike-Boom

Die Ansicht, ob die Verleiher persönlich vom „E-Bike-Boom" profitieren, differenziert sehr stark je nach Untersuchungsgebiet *(siehe Diagramm 21)*. Im Taubertal sind 88 % der Verleiher davon überzeugt, während im Südschwarzwald nur noch knapp die Hälfte dieser Meinung ist. Am Dachstein ist die Stimmung deutlich negativer. Ein Drittel der Verleiher rechnet auch nicht mittelfristig mit einem persönlichen Profit mit den E-Bikes. Hier ist sich ein weiteres Drittel auch noch unsicher, was vermutlich mit der noch sehr jungen Projektzeit zu erklären ist.

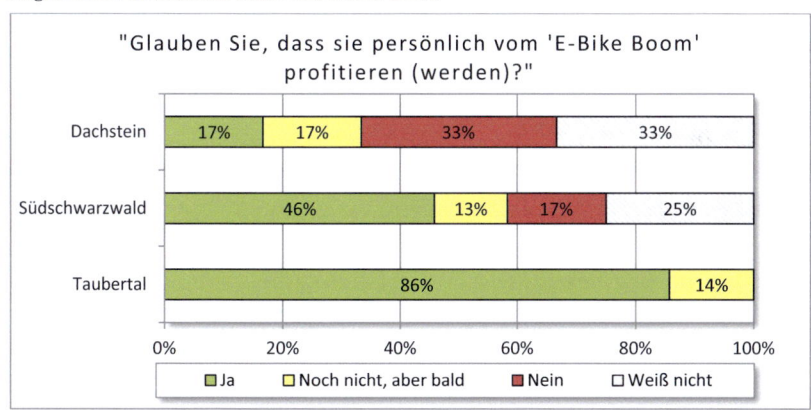

Diagramm 21: Persönlicher Profit vom E-Bike Boom

Quelle: Eigene Erhebung, Aug.-Nov. 2012 [n = 37]

Erfolg des touristischen E-Bike-Angebots

Mit Ausnahme von 21 % der Schwarzwälder Verleiher bejahte kein Verleihbetrieb die Frage, *ob seit der Einführung der E-Bike-Angebote allgemein mehr Radtouristen in die Urlaubsregion kommen*. Sowohl am Dachstein als auch im Südschwarzwald glauben zwei Drittel der Verleiher *nicht*, dass mehr Radtouristen die Region besuchen, seit ein E-Bike-Angebot existiert (Taubertal: 29 %). Allerdings waren sich viele Verleiher in dieser Hinsicht *unsicher* (Taubertal: 71 %; Dachstein: 33 %; Südschwarzwald: 13 %) [Frage 25].

Die Meinungen, *ob der E-Bike-Tourismus in Ihrer Region ein „Erfolgsmodell" sei*, variierten unter den Verleihern in allen Untersuchungsregionen stark. Jeder sechste Verleiher am Dachstein und im Südschwarzwald und ein Drittel der Verleiher im

Taubertal fanden, dass ihr E-Bike-Angebot *schon heute* erfolgreich sei. Die meisten Verleiher sahen im E-Bike-Tourismus ein *mittel-* bis *langfristiges* Erfolgsmodell. Nur jeweils ein Verleihbetrieb an der Tauber und im Südschwarzwald war der Meinung, dass der E-Bike-Tourismus *kein Erfolgsmodell* sein würde [Frage 26].

Auswirkungen auf regionalen Radtourismus

Die Mehrheit der Verleiher erwarteten durch die Innovation E-Bike *mäßig starke* Auswirkungen auf den Radtourismus ihrer Region *(siehe Diagramm 22)*. Deutlich zu erkennen ist, dass je größer die Reliefenergie der untersuchten E-Bike-Region, desto stärker wurde die verändernde Wirkung des E-Bikes auf den Radtourismus eingeschätzt. Im topographisch nur gering bewegten Taubertal sehen jeweils ein Viertel der Verleiher *geringe* bzw. *keine Auswirkungen* auf den Radtourismus, was sich vermutlich mit dem schon sehr ausgeprägten Radtourismus in der Region erklären lässt. Diese Vermutung wird von der Beobachtung gestärkt, dass während den vom Autor durchgeführten E-Bike-Touren im Lieblichen Taubertal zwar 25 E-Biker gezählt wurden, deren Anteil (7,3 %) gegenüber den 341 herkömmlichen Radfahrern jedoch sehr gering ist. Beide Ergebnisse sind aufgrund der besonders kleinen Fallzahlen jedoch mit besonderer Vorsicht zu genießen.

Diagramm 22: Veränderung des regionalen Radtourismus durch E-Bikes

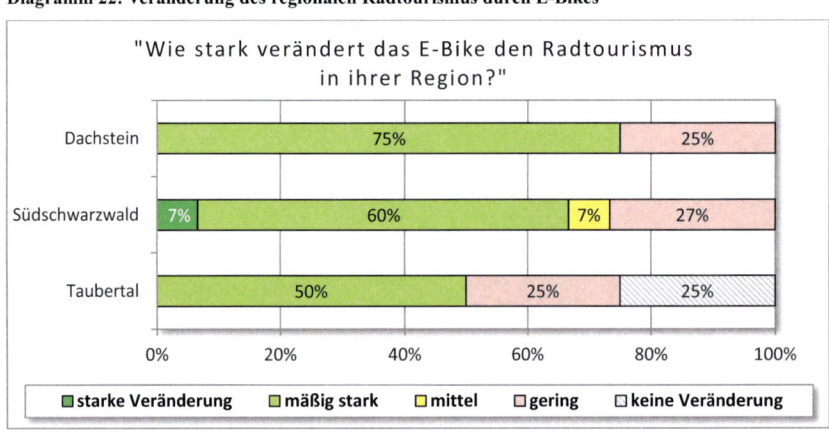

Quelle: Eigene Erhebung, Aug.-Nov. 2012 [n = 23]

Die Frage nach den Auswirkungen des E-Bikes auf den regionalen Radtourismus wurde als einzige zusätzlich offen formuliert und wurde von knapp der Hälfte der

E-Bike-Verleiher beantwortet. Da sich die Inhalte kaum wiederholen, lassen sich aus den Einzelkommentaren wenige regionale Tendenzen feststellen. Allerdings überwiegen die positiven Kommentare leicht vor den enttäuschten Äußerungen. Einzig von Verleihern aus dem T a u b e r t a l werden nur positive Effekte aufgezählt, welchen man optimistisch entgegenblickt:

- *„es können nun auch Touren mit Steigungen angeboten werden"*
- *„Neugierige werden hinzukommen und die Angebote nutzen"*
- *„noch größere Kundenfrequenz"*
- *„Radius für Radtouren erweitert sich"*
- *„entspanntes Fahren für Leute, die sich nicht groß anstrengen wollen"*

Letztere beide Veränderungen werden auch aus dem S ü d s c h w a r z w a l d gemeldet. Ferner wird dort angegeben, dass *der Radtourismus stark aufholt, sich das touristische Gesamtangebot positiv erweitert* und *die Gegend dadurch attraktiver wird*. Ein Verleiher fügt an, dass durch die Innovation *neue Strecken befahrbar* würden und der Südschwarzwald somit überhaupt erst *für Radtouristen der Gruppe 50+ interessant* werde. Dennoch sind einige Verleiher darüber enttäuscht, dass bisher keine oder nur wenige Veränderungen feststellbar sind. Zwei Verleiher äußern, dass die dort üblichen *Mountainbikefahrer das E-Bikefahren eher ablehnten*. Ein Anbieter in der D a c h s t e i n - R e g i o n hingegen merkt an, dass *je besser die E-Mountainbikes werden, desto mehr Mountainbiker würden darauf umsteigen und ihre Touren vergrößern*. Ebenso griffen jedoch *auch Flachlandradfahrer in den Bergen gerne zu E-Bikes*.

Die angemerkten Auswirkungen gleichen häufig den Äußerungen der interviewten Experten *(siehe Kap. 3.3.2)* bzw. spiegeln Inhalte der zu Anfang dieser Arbeit als Thesen formulierten Auswirkungen wider.

3.3.2 Experteninterviews

Die Methode des Leitfadeninterviews vereinfachte die Vergleichbarkeit der Paraphrasen, da mit wenigen Ausnahmen alle Diskussionspunkte des Leitfadens von allen Interviewpartnern (E-Bike-Koordinatoren der Untersuchungsgebiete) besprochen wurden.

Die Zielsetzungen, die die Innovation E-Bike den Regionen bringen soll, sind verschieden. Im Taubertal erwartet man durch neue Raumerschließung die Gäste länger in der Region zu halten bzw. sie für einen weiteren Urlaub zu gewinnen. Im Südschwarzwald sollen hingegen neue Gästegruppen erschlossen werden. Am Dachstein will man durch die Angebotserweiterung, sich stärker als „Bike-Region" etablieren und somit ebenfalls mehr Gäste anziehen. Besonders im Taubertal und im Südschwarzwald verschwieg man nicht, dass das neue touristische Angebot auch als kostengünstige Maßnahme zum Imagegewinn der Region dienen soll.

Die Zielgruppen sind ebenfalls unterschiedlich. Im Taubertal wird primär mit den bereits aktiven Radfahrern gerechnet, welche auf das E-Bike umsteigen oder es testen. Auch im Südschwarzwald wird auf aktive Tourenradfahrer gesetzt, welche aber bisher das Mittelgebirge mit seinen Steigungen mieden. Dabei setzen sie sowohl auf neue Gäste als auch auf jene, die die Region bereits mehrfach (ohne Rad) bereisten. Auch am Dachstein erhofft man sowohl Nicht-Radfahrer als auch Radfahrer, die einmal den Unterschied ausprobieren möchten, zu erreichen. Während im Taubertal geschätzte 80 % der E-Bike-Urlauber typische Fahrradtouristen sind, nutzten im Südschwarzwald und am Dachstein eher jene ein E-Bike, deren primäre Urlaubsaktivität eine andere ist (hauptsächlich Wandern). Die Expertenmeinungen, ob erfahrene Radtouristen dem motorlosen Fahrrad treu bleiben, divergieren. An der Tauber wird angenommen, dass begeisterte Radfahrer früher oder später die Innovation E-Bike annehmen, bevor sie alters-/gesundheitsbedingt gänzlich aufhören müssten, Rad zu fahren. Am Dachstein, beobachtet man, dass viele Radfahrer das E-Bike ausprobieren, aber zur klassischen Variante zurückkehren. Ebenso verhält sich die weitere Zielgruppe jener Mountainbiker, welche sich nicht zu sehr verausgaben möchten, und bleibt ihrem bewährten Fahrrad treu. „Der E-Bike-Fahrer" sei eher eine neue Gruppe aus Nicht-Radfahrern.

In allen drei Untersuchungsgebieten vergrößert das E-Bike-Angebot den aktiv erlebbaren Aktionsraum vieler Gäste, da für viele das Fahrrad zuvor keine Option darstellte. Doch auch im Vergleich zum herkömmlichen Fahrradfahren ändert sich der Aktionsraum. An der Tauber werden nun auch steigungsintensive Touren gefahren. Im Südschwarzwald sind die Tagesstrecken mit dem E-Bike etwas länger als die der Radfahrer, maximal aber 50 km. E-Bike-Fahrer sehen, da sie die gleichen Strecken fahren, nicht mehr von der Region als Mountainbiker, befahren diese aber weniger verschwitzt und in einer kürzeren Zeit bzw. mit mehr Pausen.

Nach bisherigen Erfahrungswerten bleiben die Gäste aufgrund des zusätzlichen E-Bike-Angebots nicht länger in der Urlaubsregion. Ebenfalls zählt man im Taubertal und am Dachstein derzeit noch keine höhere Anzahl an Radtouristen und sieht den Erfolg erst mittelfristig eintreten. Im Südschwarzwald hingegen bemerkt man bereits heute den Erfolg der Maßnahme in einer geringfügigen Zunahme an Radtouristen, erwartet jedoch nur noch einen leichten Anstieg. Alle interviewten Experten sind jedoch zuversichtlich, dass E-Bikes mehr als ein kurzfristiger Trend sind und dass deren Beliebtheit weiter ansteigen wird. Ferner sehen sie im E-Bike-Tourismus keinen elementaren Baustein ihres Tourismuskonzepts, sondern einen „notwendigen" (Taubertal) oder „sehr medienwirksamen" (Schwarzwald) Baustein zur Bereicherung ihres Angebots. Anders als im Taubertal, welches bereits eine etablierte Radregion ist, gehen die Experten im Südschwarzwald und am Dachstein nicht davon aus, dass durch die Innovation E-Bike ihre Region zur Radregion für die breite Masse werden könne. Es werde immer nur ein Zusatzangebot bleiben (FRAGE, 2012; HOTZ, 2012; STEINER, 2012).

Tabelle 6: Die Destinationen im Vergleich: Zielsetzungen und Erfahrungswerte

Leitfrage in Experteninterviews	Taubertal	Südschwarzwald	Dachstein
Welche Ziele soll das E-Bike-Angebot Ihrer Region erreichen?	längere Aufenthaltsdauer; betagte Gäste noch weitere Jahre halten	neue Gästegruppen	mehr Gäste; Festigung des Radtourismus
Was ist ihre Hauptzielgruppe?	80 % Tourenradfahrer 20 % Nicht-Radfahrer	Tourenradfahrer; Nicht-Radfahrer	Tourenradfahrer; Nicht-Radfahrer
Fahren Radfahrer mit dem E-Bike längere Strecken pro Tag?	JA	etwas längere	NEIN
Bleiben die Gäste länger?	?	NEIN	NEIN
Kommen allgemein mehr Radtouristen zu Ihnen, seitdem Sie E-Bikes anbieten?	noch nicht	geringfügig	NEIN
Wie schätzen Sie den zukünftigen Erfolg des E-Bike-Tourismus in ihrer Region ein?	↑stetiger Anstieg	☐ leichter Anstieg	sehr langsamer ☐ Anstieg
Welchen Stellenwert nimmt E-Bikefahren im Urlaub eines E-Bike-Touristen ein?	Hauptaktivität	Nebenaktivität	Nebenaktivität
Ist der E-Bike-Tourismus ein zusätzliches Angebot oder ein elementarer Baustein ihres touristischen Angebots?	Zusatzangebot	Zusatzangebot	Zusatzangebot

Quellen: FRAGE, 2012; HOTZ, 2012; STEINER, 2012

3.3.3 Online-Befragung von E-Bike-Urlaubern

Der Stichprobenumfang dieser Online-Befragung umfasste 139 E-Bike-Nutzer, welche mindestens einmal zuvor im Urlaub E-Bike gefahren sind. Soziodemographischen Daten und Angaben über den Wohnort der Teilnehmer wurden nicht erhoben.[38] Es ist zu vermuten, dass die Stichprobe einen hohen Anteil an E-Bike-Besitzern enthält, da diese eher die ausgewählten, einschlägigen Internetforen besuchen und so den Weg zur Umfrage fanden. Diese Vermutung wird gestützt von der Tatsache, dass knapp die Hälfte der Teilnehmer bereits eine E-Bike-Reise von mehr als drei Tagen durchgeführt hatte *(siehe Diagramm 23)* und eine solche Mietdauer eher selten ist *(siehe Diagramm 11)*.

Diagramm 23: Dauer der bereits durchgeführten E-Bike-Touren

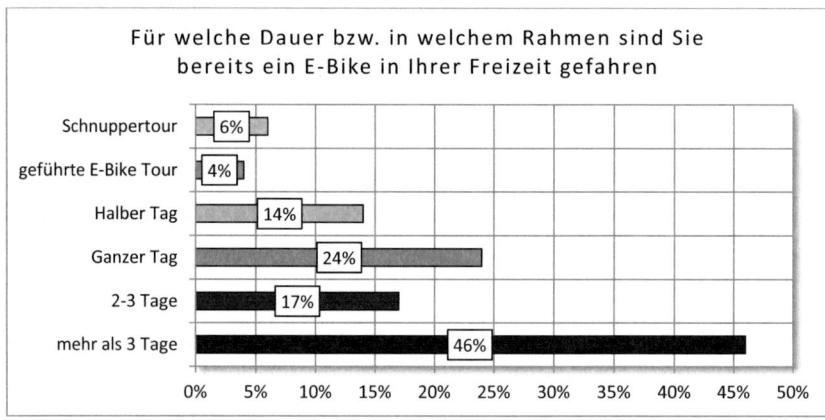

Quelle: Eigene Erhebung, Aug.-Nov. 2012 [n = 138; Mehrfachnennung möglich]

Die Verteilung des Stellenwerts der E-Bike-Tour *(siehe Diagramm 24)*, weicht stark von den Einschätzungen der E-Bike-Verleiher ab *(siehe Kap. 3.3.1)*. Für die Mehrheit der befragten Nutzer war das E-Bikefahren die *primäre Aktivität* ihres Urlaubs, was die Annahme bekräftigt, dass viele Umfrageteilnehmer entweder selbst ein E-Bike besitzen oder schon häufiger Elektrofahrräder nutzten. Fast ebenso viele gaben an, dass es *eine von vielen Aktivitäten* gewesen sei. *Spontanes Ausprobieren unter Radurlaubern* traf auf

---

[38] Diese ergänzende Umfrage sollte in erster Linie Daten zur Landschaftspräferenz von E-Bike-Nutzern im Vergleich zu den 2007 erhobenen Daten über die Destinationswahl von Fahrradfahrern *(siehe Abb. 5)* erheben. Da sich diese Umfrage an der Vergleichsstudie (ETI, 2007, S. 139) orientierte, wurden analog dazu ebenfalls keine soziodemographischen Daten erhoben. Ferner war es Ziel, den Online-Fragebogen so kurz wie möglich zu gestalten, um möglichst viele E-Bike-Urlauber zur Teilnahme zu motivieren *(siehe Methodenkritik, Kap. 3.4)*.

9 % aller E-Bike-Touren zu. Unter „*Sonstiges*" wurde am häufigsten angeführt, ein E-Bike aus Interesse zu testen. Drei Viertel aller Teilnehmer hatten schon vor Urlaubsantritt von dem E-Bike-Angebot erfahren [Frage 3]. Aufgrund der geäußerten Vermutung über den hohen Anteil an Elektrofahrradbesitzern innerhalb der Stichprobe, lassen sich die Ergebnisse dieser Nutzerbefragung nur bedingt mit den Ergebnissen der Anbieterbefragung vergleichen *(siehe Kap. 3.4)*. Nichtsdestotrotz ist die Zusammensetzung der Teilnehmer bestens geeignet für die Kernfrage zum bevorzugten Landschaftstyp.

Diagramm 24: Stellenwert der letzten E-Bike-Tour

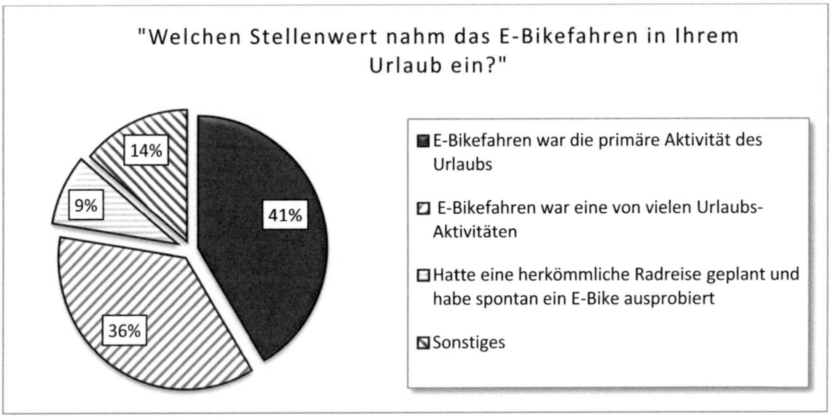

"Welchen Stellenwert nahm das E-Bikefahren in Ihrem Urlaub ein?"

- E-Bikefahren war die primäre Aktivität des Urlaubs: 41%
- E-Bikefahren war eine von vielen Urlaubs-Aktivitäten: 36%
- Hatte eine herkömmliche Radreise geplant und habe spontan ein E-Bike ausprobiert: 9%
- Sonstiges: 14%

Quelle: Eigene Erhebung, Aug.-Nov. 2012 [n = 138]

Destinationswahl

Die Teilnehmer wurden befragt, *in welchem Landschaftstyp sie bereits ein E-Bike im Urlaub genutzt haben.* Darüber hinaus sollten sie angeben, *in welcher Landschaftskategorie sie sich grundsätzlich vorstellen könnten, ein E-Bike zu fahren* und *in welchen sie sich sogar eine Reise mit der Hauptaktivität „E-Bikefahren" zutrauen würden (siehe Diagramm 25)*. Alle Teilnehmer können sich weitere E-Bike-Ausflüge vorstellen, während für 90 % auch mehrtägige Reisen in Betracht kommen.

Knapp die Hälfte der Befragten (48 %) ist bereits in einem *Mittelgebirge* E-Bike gefahren. Das Mittelgebirge übertrifft damit sogar die *Flusslandschaften* – den beliebtesten Landschaftstyp der Fahrradfahrer. Zählte man allerdings alle flachen Landschaftskategorien zusammen, wären dort bereits 78 % der Teilnehmer E-Bike gefahren. Das *Hochgebirge* wurde bisher am wenigsten befahren (19 %). Im Durschnitt hat jeder Teilnehmer schon in zwei verschiedenen Landschaftstypen Erfahrungen mit dem Elektrofahrrad gesammelt.

Diagramm 25: Destinationswahl nach Landschaftstyp

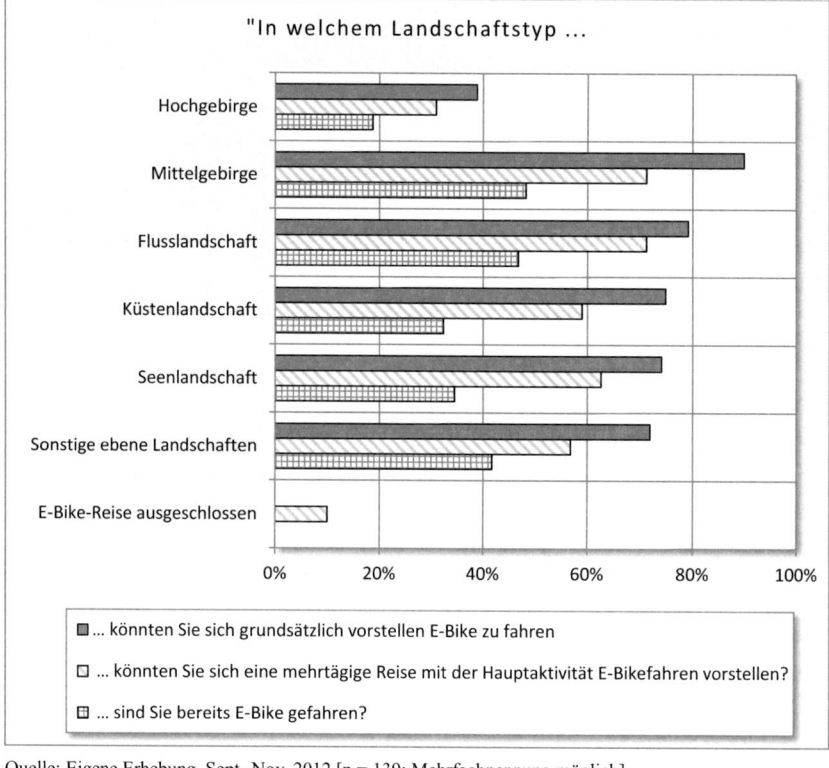

Quelle: Eigene Erhebung, Sept.-Nov. 2012 [n = 139; Mehrfachnennung möglich]

Grundsätzlich kommen alle hiesigen Landschaftstypen für E-Biker in Betracht. Klarer Favorit sind die Mittelgebirge. Flache Landschaften scheinen miteinander verglichen relativ gleich interessant mit einer kleinen Präferenz für Flusslandschaften. Insgesamt existiert bei den E-Bike-Touristen eine hohe Toleranz gegenüber den verschiedenen Landschaftstypen. Durchschnittlich konnte sich jeder Befragungsteilnehmer in mehr als vier Landschaftskategorien eine E-Bike-Fahrt vorstellen. Allein das Hochgebirge fällt in seiner Beliebtheit deutlich hinter die anderen Landschaftstypen zurück. Allerdings konnten sich 100 % jener E-Biker, welche bereits im Hochgebirge gefahren sind, grundsätzlich wieder vorstellen dort E-Bike zu fahren.

Auch in Bezug auf mehrtägige E-Bike-Reisen ergibt sich eine ähnliche Verteilung der bevorzugten Landschaftstypen. Am beliebtesten ist die Vorstellung von Reisen in Mittelgebirgen (48 %) oder entlang von Flüssen (47 %). Eine E-Bike-Reise im Hochgebirge konnten sich bloß 31 % aller Befragten vorstellen. Unter denjenigen, welche bereits zuvor E-Bike-Erfahrung(en) im Hochgebirge gesammelt hatten, lag dieser Anteil jedoch bei 96 %. Eine E-Bike-Fahrt im Mittelgebirge hingegen erhöht den Anteil nur auf 35 %. Dies verdeutlicht wieder einmal, dass viele erst im Praxistest von den Möglichkeiten des Elektrofahrrads überzeugt werden. Nur ein Zehntel schloss eine E-Bike-Reise gänzlich aus.

Nächste E-Bike-Reise

Drei Viertel aller Befragten hatte bereits eine nächste E-Bike-Reise geplant *(siehe Diagramm 26)*. Die bevorzugte Landschaftskategorie dafür war erneut das *Mittelgebirge* (26 %) bzw. die *Gesamtheit aller flachen Landschaftstypen* (42 %). Dieses Ergebnis lässt sich unter anderem mit der Häufigkeit der Landschaftstypen erklären. Im Gegensatz zu normalen Radtouristen übertreffen bei E-Bike-Reisenden die *Küstenlandschaften* sogar die *Flusslandschaften* leicht. Vermutlich liegt dies am überdurchschnittlich forcierten E-Bike-Angebot der windreichen Küstendestinationen, welche mit dem E-Bike für Radfahren „auch bei Gegenwind" werben.

Diagramm 26: Destinationswahl der nächsten E-Bike-Reise

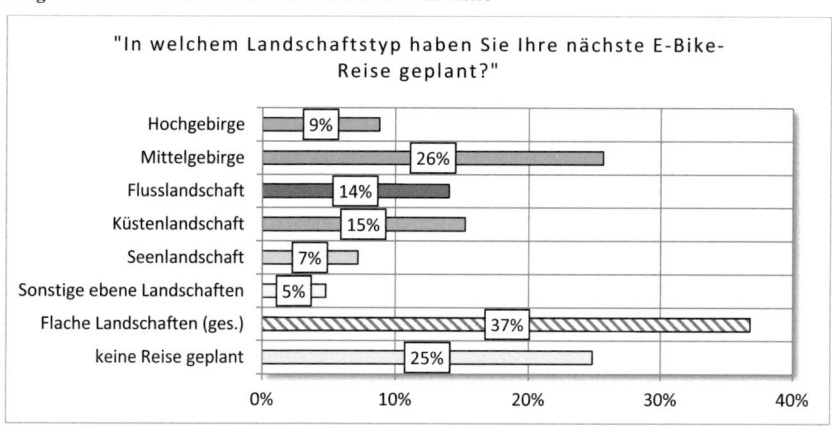

Quelle: Eigene Erhebung, Aug.-Nov. 2012 [n = 125]

E-Bike-Infrastruktur

Bei der Destinationswahl der nächsten E-Bike-Reise *(siehe Diagramm 27)* setzten erstaunlich wenige Elektrofahrradtouristen zwingend eine E-Bike-Infrastruktur voraus. 15 % planen sogar eine E-Bike-Reise in eine Region ohne eine (ihnen bekannte) entsprechende Infrastruktur. Bemerkenswerterweise beabsichtigt unter diesen fast jeder Zweite (44 %) eine E-Bike-Reise in eine Mittelgebirgsregion und jeder Fünfte (19 %) sogar ins Hochgebirge, obwohl gerade in diesen Landschaftstypen die Akkureichweite begrenzt ist und man daher den Wunsch nach einem Akkulade- bzw. Akkuwechselsystem vermuten sollte. Die Verteilung der einzelnen E-Bike-Infrastrukturelemente in der für eine E-Bike-Reise gewählten Destination, stellt weniger die Reihenfolge ihrer Bedeutung dar, sondern vielmehr die Häufigkeit ihres Auftretens.

Diagramm 27: E-Bike-Infrastruktur

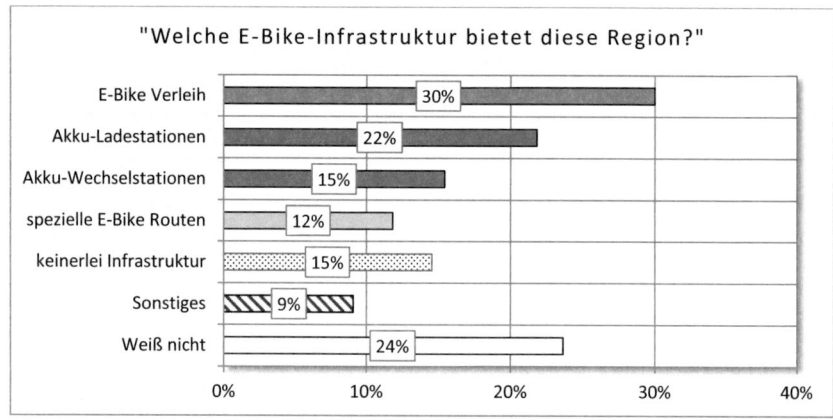

Quelle: Eigene Erhebung, Aug.-Nov. 2012 [n = 95; Mehrfachnennung möglich]

E-Biker-Typ

Touren-E-Bikes sind mit Abstand der beliebteste E-Bike-Typus *(siehe Diagramm 28)*. Die ebenfalls beliebten *City-E-Bikes* unterscheiden sich technisch nicht sonderlich vom Touren-E-Bike, weshalb eine Trennung der beiden Klassen wenig zielführend ist. Nur jeder fünfte Teilnehmer ist bereits ein sportliches *E-Mountainbike* gefahren. *E-Rennräder* spielen sowohl auf dem Fahrradmarkt als auch im E-Bike-Tourismus keine Rolle. 82 % der Befragten haben bisher keines der sportlicheren Elektrofahrradtypen genutzt und werden daher dem Typ „Genuss(elektro)radler" zugeordnet. Gerade 11 %

sind bisher ausschließlich E-Mountainbike (& E-Rennrad) gefahren. Dass nur 8 % sowohl die Touren-E-Bikes als auch die sportliche E-Bike-Klasse nutzten, spricht dafür, dass die große Mehrheit entweder der großen Gruppe der „Genuss-E-Biker" oder dem kleineren Feld der „sportlichen E-Biker" angehört.

Diagramm 28: Genutzte Elektrofahrradtypen

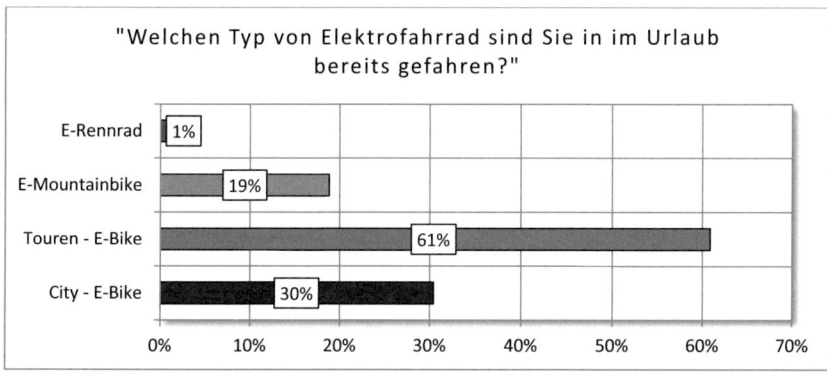

Quelle: Eigene Erhebung, Aug.-Nov. 2012 [n = 138; Mehrfachnennung möglich]

3.4 Methodenkritik

Im Anschluss an die Interpretation der Forschungsergebnisse, sollen die angewandten Methoden reflektiert werden. Die selbstkritischen Anmerkungen sollen auf Ansatzpunkte für methodische Verbesserungen hinweisen und so zukünftigen Forschungsvorhaben gleicher oder ähnlicher Thematik als Hilfestellung dienen.

Bei der Befragung der Angebotsseite konnte das Ziel einer Vollerhebung nur begrenzt erfüllt werden. Obwohl alle E-Bike-Verleiher erreicht wurden, lehnten einige eine Teilnahme aus mangelndem Interesse oder Zeitbudget per se ab. Andere störten sich an der Methode der *Online*-Befragung. Mit einer durchschnittlichen Beteiligung von 64,9 % und einer minimalen Beteiligung von 63,2 % in einem Untersuchungsgebiet kann die Erhebung als Vollerhebung mit größerem Ausfall betrachtet werden. Obwohl die Repräsentativität zu einem akzeptablen Grad gewahrt bleibt, sind aufgrund der kleinen Fallzahlen[39] allgemeingültige Aussagen für die Grundgesamtheit statistisch nicht einwandfrei signifikant. Da nicht ermittelt wurde, welche Bedeutung, der einzelne

---

[39] Im Taubertal und in der Dachstein-Region wurden nur 7 bzw. 6 Verleiher befragt

Verleihbetrieb in der Region einnimmt, wäre es möglich, dass die Nichtteilnahme eines „großen Verleihbetriebs" das Ergebnis verzerrt. Dass einige Daten auf Einschätzungen der Verleiher über das Verhalten ihrer Kunden beruhen, birgt eine mögliche Fehlerquelle dieser Untersuchung.

Die Befragung unter den E-Bike-Nutzern wird möglicherweise dem angestrebten Anspruch einer zufälligen Stichprobenauswahl nicht gerecht, da nicht mit Sicherheit garantiert werden kann, dass die Zusammensetzung der Besucher der Internetseiten mit dem Link zur Umfrage repräsentativ für die Grundgesamtheit aller E-Bike-Touristen ist. Nichtsdestotrotz lassen sich aus der Umfrage Tendenzen der Landschaftspräferenz ableiten. In Anlehnung an die Vergleichsstudie (ETI, 2007) wurden die Teilnehmer nicht zur Preisgabe persönlicher Daten wie Alter, Geschlecht und Wohnort befragt. Rückblickend wäre die zusätzliche Erhebung der soziodemographischen Daten durchaus interessant. Vor allem das Alter der E-Bike-Urlauber und deren Wohnort und damit die Information über ihren „Alltags-Landschaftstyp" könnten ausschlaggebend für deren Landschaftspräferenz sein. Außerdem führten die Ergebnisse zur Annahme, dass viele Teilnehmer Besitzer eines E-Bikes sind. Für zukünftige Befragungen ist die Abfrage nach dem Besitz eines E-Bikes ratsam, da der Verfasser vermutet, dass sich die Erfahrung mit Elektrofahrrädern ebenfalls deutlich auf die Destinationswahl auswirkt.

Für beide schriftlichen Befragungen gilt, dass die Sorgfalt der Beantwortung nur begrenzt kontrollierbar ist. Immerhin konnten jene zu schnell bzw. zu unvollständig ausgefüllten Fragebögen aussortiert werden. Der Verfasser räumt ein, dass durch die vorgegebene Kategorisierung der Antwortmöglichkeiten in den Fragebögen die realen Umstände bzw. die tatsächliche Meinung der Befragten nicht immer exakt wiedergegeben werden kann. Darüber hinaus ist nicht auszuschließen, dass die Umfrageteilnehmer von den vorgegebenen Antwortalternativen beeinflusst werden (vgl. REUBER/PFAFFENBACH 2005, S. 77f.). Die gleiche Problematik betrifft auch auf die vorgegebenen Antwortkategorien der geschlossenen Fragestellungen in den Experteninterviews.

Eine weitere methodische Ungenauigkeit liegt in der Generalisierung mehrerer Landschaftstypen zu einer einzigen Landschaftskategorie. Dies betrifft sowohl die Destinationswahl in der Nutzerbefragung als auch die Standortverteilung der E-Bike-Verleiher innerhalb eines Untersuchungsgebietes. Auch wenn die generelle

Zuordnung eines Landschaftstyps trivial erscheint, so beinhalten etwa Hochgebirge doch häufig auch mittelgebirgsähnliche Elemente und nicht selten auch Flusslandschaften (z.B. Ramsauer Plateau bzw. Ennstal in der Dachsteinregion). Die E-Bike-Tour *Seenradweg Hochschwarzwald* beispielsweise verrät trotz ihrer Zuordnung zur Kategorie Mittelgebirge bereits im Namen ihren Charakter, der in weiten Abschnitten eher einer Seenlandschaft zuzuordnen wäre. Ein Teilnehmer der Nutzerbefragung merkte richtigerweise an, dass bei der Angabe zur bereits geplanten E-Bike-Reise nicht die Möglichkeit bestand, eine Kombination von Landschaftstypen anzukreuzen.

Auch bei der Anbieterbefragung kann die Generalisierung des Landschaftstyps kritisiert werden. Denn nicht alle Verleihstationen im Naturpark Südschwarzwald befinden sich auch in einem als Mittelgebirge zu bezeichnenden Landschaftstyp. Ein Drittel befindet sich in der Rheinebene am Schwarzwaldrand. Dieser Umstand führt dazu, dass deren unmittelbare Umgebung und somit auch der Aktionsraum ihrer Kunden sowohl den Charakter eines Mittelgebirges als auch den eines ebenen Landschaftstyps tragen. Auch im Lieblichen Taubertal ist ein Verleihbetrieb im angrenzenden Mittelgebirge anzufinden und steht damit nicht exemplarisch für einen Anbieter einer Flusslandschaft. Da die Zielsetzung jedoch eine Vollerhebung war und die Grundgesamtheit eine ohnehin kleine Zahl darstellte, wurden diese Betriebe nicht ausgeschlossen.

Ein weiterer methodischer Kritikpunkt ist die Vergleichbarkeit der ausgewählten Untersuchungsgebiete. Bei der Auswahl wurde großen Wert auf die Unterstützung durch die regionalen Koordinationsstellen gelegt und weniger auf ähnliche, der Vergleichbarkeit dienenden Größenordnungen (Anzahl der Verleihbetriebe, Laufzeit des E-Bike-Angebots, Zahl der Übernachtungen) *(siehe Kap. 3.1.4)*. Einerseits erschweren diese strukturellen Unterschiede einen methodisch sauberen Vergleich, andererseits konnte die Untersuchung auf diese Weise verschiedene E-Bike-Destinationstypen abdecken.

Schließlich ist auch die Vergleichbarkeit der Nutzerbefragung mit den Ergebnissen der Befragung der Anbieterseite (Verleiher) begrenzt, da die E-Bike-Nutzer nicht in den jeweiligen Untersuchungsregionen befragt wurden. Eine gegenüberstellende Studie von Angebots- und Nachfrageseite in einer oder mehreren der Untersuchungsgebiete würde die Aussagekraft der Ergebnisse erhöhen.

4 Synthese

Nach der Vorstellung der Forschungsergebnisse sollen nun die im Beginn der Untersuchung postulierten Thesen überprüft und die mit ihnen verknüpften Forschungsfragen beantwortet werden. Dies geschieht durch Interpretation der ausgewerteten Daten der Erhebungen in Verbindung mit den Erkenntnissen aus dem bisherigen Forschungsstand. Dabei wird auf einzelne Umfrageergebnis nur Bezug genommen, sofern dies der Thesenüberprüfung dient. Im Anschluss an die Diskussion der Ergebnisse erfolgt ein Ausblick auf vermutete Entwicklungstendenzen im E-Bike-Tourismus.

In Kapitel 2.1.2 wird die Einordnung der vorliegenden Studie in den theoretischen Hintergrund der Innovations- und Diffusionsforschung bereits ausführlich diskutiert. Da heute mehrheitlich angenommen wird, dass die Ausbreitung von Neuerungen sowohl vom sozialen und ökonomischen Kontext der Nachfrageseite als auch von der Innovation selbst und der jeweiligen Raumstruktur abhängig ist *(siehe Kap. 2.1.1)*, versucht diese Studie weder deduktiv Gesetzmäßigkeiten zu erkennen, noch die sich weitgehende im Stillstand befindliche Diffusionsforschung induktiv zu erweitern.

Die beliebtesten Fahrraddestinationen verlaufen entlang von Flüssen, Seen- oder Küstenlinien *(siehe Kap. 2.2.4)*. Zwar sind solche flachen Radtouren relativ gut zu vermarkten, andererseits können diese Routen eventuell weniger abwechslungsreich sein als solche, die nicht an einen Flusslauf gebunden sind. Die Routenführung abseits der ebenen Gebiete war bisher den sportlichen Radfahrern vorbehalten. Aufgrund deren geringeren touristischen Potenzials jedoch weniger interessant für viele Destinationen. Für den „Genuss-Radtourismus" *(siehe Kap. 2.2.2)* stellte die Topographie bisher jedoch eine Diffusionsbarriere *(siehe Kap. 2.1.1; 2.12)* dar. Aufgrund der Tatsache, dass die Innovation Elektrofahrrad nun auch Nichtsportlern Bergfahrten ermöglicht, ergab sich zunächst die zentrale Forschungsfrage *nach dem Fortbestand der Vorrausetzung einer weitestgehend flachen und daher fahrradfreundlichen Topographie für die Herausbildung eines „massentauglichen" Fahrradtourismus.* Landschaftstypen mit bewegter Topographie (Mittelgebirge, Hochgebirge) würden somit ebenfalls zu Aktionsräumen des Fahrradtourismus werden.

Die Ergebnisse dieser Studie zeigen auf der Nachfrageseite *(siehe Kap. 3.3.3)* deutliche Verschiebungen der Landschaftspräferenz von E-Bike-Fahrern gegenüber Fahrradfahrern. Die bei Radfahrern wenig beliebten topographisch bewegten Landschaftstypen werden von E-Bike-Fahrern häufiger bevorzugt. Gleichzeitig ging das Interesse an ebenen Landschaftstypen zurück. Auffällig ist auch der Effekt, dass nachdem ein Landschaftstyp bereits mit dem E-Bike bereist wurde, die Bereitschaft in dieser Region erneut E-Bike zu fahren sehr groß ist.

Neben dem bestätigten Wandel seitens der Nachfrage wird auch eine Unterscheidung zwischen dem bisherigen für Radfahrer konzipierten Angebot und jenem für Touren mit dem Elektrofahrrad deutlich. Die Nachforschungen in den Beispielregionen zeigen, dass, obgleich keine neuen Fahrradwege angelegt wurden, in allen Untersuchungsgebieten mehrere neue Rundstrecken im Zuge der Angebotserweiterung durch Elektrofahrräder ausgewiesen wurden. Allerdings kann für diese Erweiterung nur teilweise der neue Fahrradtypus verantwortlich gemacht werden, da die Mehrzahl der neuen Radrouten gleichzeitig für andere Rad- bzw. Radfahrertypen beworben wird. Die Untersuchung der E-Bike-Tourenvorschläge anhand deren Schwierigkeitsgraden *(siehe Diagramm 7)*, konnte eine Neubewertung der für Radfahrer geltenden Maßstäbe zeigen. Vergleichbare Routen, welche vormals als schwierig eingestuft wurden und für sportliche Mountainbiker geplant waren, können als E-Bike-Tour, je nach Länge, leicht bis schwierig sein. Die große Mehrheit der Tourenvorschläge für E-Bikes überschreitet jedoch die Grenzwertschwelle für Genussradler und ist damit entweder explizit für E-Bike-Fahrer oder gleichfalls für Mountainbiketouren geplant. Daher kann allein anhand der „objektiven Merkmale" der neuen Tourenvorschläge für E-Bikes, gezeigt werden, dass – zumindest in den Beispielregionen – versucht wird, topographisch bewegtes Gelände nun auch für die „breite Masse" zu erschließen. Dem „normalen Radfahrer" wird durch dieses Angebot ein neuer Erlebnisraum geschaffen.

Die erste These, welche postuliert, dass *durch die Implementierung der Innovation E-Bike im Tourismus räumliche Neuerschließungen von fahrradtouristischen Aktionsräumen stattfinden* bewahrheitet sich demnach. – zumindest wenn man davon absieht, dass dieser Aktionsraum in vielen Fällen zuvor auch schon von Mountainbikern genutzt wurde. Da der größte Teil der E-Bike-Touristen jedoch wenig Erfahrung und Interesse hat, sich im „sportlichen Gelände" (sehr seile Passagen, Singletrails) nach der Art der Mountainbiker zu bewegen, unterscheidet sich deren Streckenwahl deutlich voneinander. Obwohl beide Radfahrertypen den gleichen Aktionsraum nutzen, geraten sie sich also nur selten „in den Weg".

Auch die zweite These, die besagt, *dass durch E-Bikes auch Landschaftstypen mit bewegter Topographie (Mittelgebirge, Hochgebirge) zu Aktionsräumen des Fahrradtourismus werden*, konnte durch die Untersuchung verifiziert werden. Das Angebot für E-Bike-Fahrer in den Mittelgebirgen und im Alpenraum wächst rasant *(siehe Kap. 2.4.7)*. Auch die Nachfrage nach diesen Landschaftstypen konnte in der Nutzerbefragung bestätigt werden. Allerdings nimmt das Ausmaß der Nutzung dieser Landschaftstypen (noch) lange nicht jenes der ebenen Fahrraddestinationen an *(siehe Kap. 3.3.3)*. Ebenso muss, zumindest für das Hochgebirge, die Einschränkung vorgenommen werden, dass alpine Destinationen ihre E-Bike-Touristen weitgehend durch die tiefer gelegenen, mittelgebirgsähnlichen Bergzonen unterhalb der Baumgrenze leiten, was deutlich auf der Darstellung der E-Bike Routen in der Dachstein-Region zu sehen ist *(siehe Anlage 7)*. Das Befahren der alpinen Höhenstufe ist für den Genuss-E-Biker nicht vorgesehen, da man zum einen auch trotz Motorunterstützung in zu steilen Passagen ins Schwitzen kommt, zum anderen das Bergabfahren ungeübte Radfahrer überfordert *(siehe Kap. 3.1.3)*.

Im Hinblick auf die verändernde Wirkung der Innovation E-Bike auf die Fahrradlandschaft gehen aus der Nutzerbefragung sowohl das Mittelgebirge als auch das Hochgebirge als „Gewinner" unter den Landschaftskategorien hervor. Den größten Wandel hinsichtlich der Favorisierung einzelner Landschaftstypen zeigt die Kategorie der Mittelgebirgsdestinationen. Während nur 40 % der Fahrradurlauber[40] ein Mittelgebirge für mehrtägige Radtouren bevorzugen, können sich dies hingegen 71 % der E-Bike-Urlauber[41] vorstellen. Obwohl Hochgebirge auch bei Elektrofahrradurlaubern die niedrigste Beliebtheit erfahren, übersteigt die relative Zunahme des Anteils derjenigen, welche sich theoretisch für einen (Elektro-)Radurlaub im Hochgebirge begeistern könnten (von 16 % auf 31 %), sogar jene von Mittelgebirgen.

---

[40] Die Werte der Fahrradurlauber ergeben sich aus der Addition der Anteile jener durch das ETI (2007, S. 139) befragten Radtouristen, die angaben, diesen Landschaftstyp für eine mehrtägige Fahrradtour entweder sehr zu bevorzugen oder nur zu bevorzugen. Der Anteil jener, welche angaben diese Landschaftskategorie weniger zu bevorzugen wurde exkludiert *(siehe Abb. 5)*.

[41] Die Werte der E-Bike-Urlauber ergeben sich aus der Nutzerbefragung *(siehe Diagramm 25)*

Insgesamt scheint es, als sei die *Adoptionsschwelle* um im Hochgebirge E-Bike zufahren noch relativ hoch, weshalb der Erfolg des E-Bikes dort noch einige Jahre benötigen wird. Zumindest ist dies für die in dieser Arbeit die Hochgebirge stellvertretende Dachstein-Region der Fall.

Die zuvor deutlich dominierende Landschaftspräferenz der Flusslandschaften hingegen sank von 95 % auf 71 %. Hierbei gilt es zu beachten, dass dies keinen realen Verlust der Beliebtheit bedeutet, sondern nur einen geringeren relativen Zuwachs an potenziellen E-Bike-Touristen vermuten lässt. Es ist sicherlich schwierig zu beurteilen, inwiefern Elektrofahrradtouristen bei der Wahl eines Radurlaubs in einer Flusslandschaft auch wirklich ausschließlich in der steigungsarmen Umgebung des Flusses radeln oder ob sie aufgrund ihres Zusatzantriebes nun auch das häufig topographisch bewegte Umland erkunden.

Die dritte These betrifft die mögliche Umwandlung von „Nicht-Radregionen" zu Radregionen. Diese These kann durch die Ergebnisse der vorliegenden Arbeit weder bestätigt noch falsifiziert werden. Für eine eindeutige Antwort müssten dazu umfangreichere Forschungen mit deutlich mehr Beispielregionen betrieben werden, welche darüber hinaus neben der Topographie den Faktor des bereits bestehenden Angebotszeitraumes berücksichtigen.

Ebenso wie die alleinige Möglichkeit, in einer Region Fahrradfahren zu können, kaum Touristen zu einem Besuch anregt (vgl. DTV, 2009, S. 22), hat ein simples E-Bike-Angebot (E-Bike-Verleih & beschilderte Radrouten) allein kaum Erfolgsaussichten, eine Nicht-Radregion zu einer beliebten Radregion zu verwandeln. Für eine erfolgreiche Neupositionierung und für einen Aufschwung durch E-Bike-Tourismus bedarf es daher in bisherigen Nicht-Radregionen einerseits einer attraktiven Natur- bzw. Kulturlandschaft mit touristischer Grundinfrastruktur, andererseits ist für sie, ebenso wie für Fahrradregionen „das ganzheitliche Bekenntnis einer Destination und ihrer touristischen Leistungsträger zum Fahrradtourismus" (ebd.) erforderlich. Detaillierte Erfolgsfaktoren werden nachfolgend näher erläutert. Bis eine Region ihr „Aktivitäts-Klischee", wie etwa das einer reinen Wanderregion, ablegt und sich in auch für Radtourismus wahrgenommene Destination wandelt, dauert es vermutlich viele Jahre.

Die Untersuchung zeigt, dass trotz des vorbildlichen und ganzheitlich fahrradfreundlichen E-Bike-Konzepts die Dachstein-Region als Stellvertreter für eine „Nicht-Radregion", derweilen noch keinesfalls als Radregion bezeichnet werden kann, auch wenn das touristische Marketing den Anschein macht. Allerdings beginnt dort 2013 erst die dritte Saison des E-Bike-Angebots, weshalb ein endgültiges Urteil noch verfrüht wäre. Im Südschwarzwald, welcher bereits bei einer kleinen Gruppe Genussradler als Fahrraddestination wahrgenommen wird und dessen E-Bike-Angebot bereits in die sechste Saison geht, kann seit der Angebotserweiterung durch Elektrofahrräder von einem kleinen Zuwachs an Radtouristen gesprochen werden, obwohl dafür auch der Ausbau der Radwege verantwortlich gemacht werden kann und nicht das E-Bike-Angebot. Zumindest ist die Grundstimmung im Südschwarzwald schon deutlich optimistischer als in der Dachstein-Region und man erwartet weiterhin eine leichte Zunahme an E-Bike-Touristen und einen mittel- bis langfristigen Erfolg des Konzepts. Diese Erkenntnis lässt erneut vermuten, dass mit der Dauer, seit der ein E-Bike-Konzept besteht, dessen *Vertrautheitsgrad* steigt und die *Adoptionsschwelle* zur E-Bike-Nutzung sinkt. Positive touristische Entwicklungen durch ein E-Bike-Angebot sollten daher nicht zu früh, sondern erst einige Jahre nach der Einführung erwartet werden.

Die vierte These, nimmt an, *dass E-Bike-Touristen längere Strecken als herkömmliche Radtouristen bewältigen*. Dies kann von der Mehrheit der Elektrofahrradverleiher bestätigt werden, auch wenn die Routen trotz der „doppelten Antriebskraft" des E-Bikes keineswegs auch doppelt so lang sind. Im Durchschnitt fahren E-Bike-Touristen nur etwas längere Strecken und, abgesehen von den relativ ebenen Strecken im Taubertal, selten mehr als 50 km pro Tag *(siehe Diagramm 16)*. Dies führt zu einer Erweiterung des Aktionsraums für Radtouristen. Für jene, welche in den In den Mittel- und Hochgebirgsdestinationen ohne die Antriebskraft des E-Bikes sonst zu Fuß unterwegs wären, verdoppelt sich der bisherige „Aktionsradius" sogar. Betrug der maximale Radius bisher ca. 10 km (Wanderer), steigt er durch eine E-Bike-Nutzung auf gute 20 km. Die Auswahl an „aktiv erreichbaren" Zielen wächst und steigert die Zufriedenheit der Gäste bzw. lässt sie gegebenenfalls länger bleiben oder nochmals anreisen *(siehe Kap. 3.3.2)*.

Generell gilt auch für E-Bike-Fahrer, dass die Streckenlängen mit der Anzahl der zu bewältigenden Höhenmeter abnehmen. Sicherlich sind die zurückgelegten Streckenlängen neben ihrer Topographie stark vom Angebot der Destinationen abhängig. So darf vermutet werden, dass sich die meisten E-Bike-Touristen an den vorgegebenen Tourenvorschlägen orientieren. In der Regel sind es die gleichen Routen, welche auch Touren- oder Mountainbikefahrer wählen, nur benötigen E-Bike-Fahrer dazu eine kürzere Zeit, verausgaben sich weniger und kommen kaum ins Schwitzen.

Ihnen bleibt somit mehr Zeit für Zwischenstopps bei gleichzeitig geringerem Verbrauch der Kraftreserven, was die Radtour für viele insgesamt zu einem genussreicheren Erlebnis macht.

Die für die Destinationen wichtige Frage, *ob die Innovation E-Bike dem allgemeinen Tourismus einer Region einen nennenswerten Zuwachs bringt*, wurde durch die Meinungsbefragung der Anbieterseite, nicht durch die Erhebung konkreter Zahlen überprüft. Obwohl alle interviewten E-Bike-Koordinatoren die das E-Bike-Angebot als reines Zusatzangebot planten und ihre Erwartungen nicht zu hoch ansetzten, bemerken nur die Südschwarzwälder Touristiker eine nennenswerte Zunahme an Radtouristen, seit Einführung des E-Bike-Angebots *(siehe Tab. 6)*.

Auch wenn die E-Bike-Angebote die Zahl der Radtouristen leicht erhöhte, würde der allgemeine Tourismus in absehbarer Zeit dennoch keinen erheblichen Zuwachs erhalten. E-Bike-Angebote sind weitestgehend noch Angebotserweiterungen bzw. –ergänzungen und nur wenige Touristen besuchen speziell zum E-Bikefahren eine Region. Die Mehrheit von ihnen hätte die Region ohnehin bereist und hat das E-Bike-Angebot vor Ort spontan wahrgenommen. Dass im Südschwarzwald und im Taubertal einige Touristen explizit zum E-Bikefahren die Region besuchen *(siehe Diagramm 18)*, hat nur geringe Auswirkungen auf die allgemeinen Touristenzahlen. Im Südschwarzwald ist dafür der relative Anteil der Radtouristen unter den Besuchern zu klein, während im Taubertal der Anteil der Elektroradfahrer in der Masse der Radfahrer noch keine entscheidende Rolle spielt. Allgemein lässt sich daraus schließen, dass sich in profilierten Fahrraddestinationen wie dem Taubertal der Radtourismus bereits auf einem sehr hohen Niveau befindet, weshalb eine Steigerung schwierig, aber vorstellbar ist. Für bisherige Nicht-Radregionen hingegen, ob im Mittel- oder Hochgebirge, erscheint eine Zunahme des allgemeinen Tourismus durch E-Bikes nur durch große Investitionen denkbar, welche im Abschnitt über die Erfolgsfaktoren näher erläutert werden.

Eine weitere Forschungsfrage sollte klären, *inwieweit die Nachfrage des E-Bike-Angebots für die Anbieter zufriedenstellend ist*. Die Angebotsanalyse unter E-Bike-Verleihern ergab eine sehr unterschiedliche Bewertung des persönlichen Mehrwerts des E-Bike-Angebots. Für die Differenzen kann jedoch nicht der jeweilige Landschaftstyp allein verantwortlich gemacht werden. Vielmehr ist dabei die Struktur des Verleihkonzepts von Bedeutung. Während im Taubertal die meisten Verleiher

Radgeschäfte sind, sind es in den anderen Untersuchungsregionen zur Hälfte Beherbergungsbetriebe, welche ihre Räder entweder beim lokalen Radhändler leihen oder vom Dienstleister *movelo (siehe Kap. 2.4.2)* gestellt bekommen. Während 65 % der Fahrradhändler der Meinung sind, von diesem Trend zu profitieren, sind nur 19 % der E-Bike verleihenden Beherbergungsbetriebe dieser Meinung. Ein zweiter wichtiger Faktor ist die Dichte an Verleihbetrieben, welche sich den Mehrwert des E-Bike-Tourismus teilen müssen. Schließlich ist auch die individuelle, strategische Lage der einzelnen E-Bike-Service-Betriebe (Verleih, Akku-Lade-/Wechselstation) von großer Bedeutung[42]. Insgesamt bleibt bei den meisten Leistungsträgern die Nachfrage nach den E-Bike-Angeboten hinter ihren Erwartungen zurück bzw. sind sich viele Verleiher in dieser Frage noch weitgehend unsicher.

Als weiteres Ziel der Studie galt es, **weitere Veränderungen im Radtourismus durch die Innovation E-Bike** zu ermitteln. Auf der einen Seite stehen Abweichungen im Streckencharakter der von E-Bikern befahrenen Routen. Auf der anderen Seite befinden sich Veränderungen bezüglich des Radfahrertypus.

Die geringe Steigerung der durchschnittlich gefahrenen Streckenlänge wurde bereits erwähnt. Im Hinblick auf die Streckenwahl bieten E-Bikes ihren Nutzern im Vergleich zum herkömmlichen Fahrrad eine große Freiheit. Inwiefern sich die Streckenwahl von E-Bikern und Radfahrern unterscheidet, scheint sehr destinationsabhängig und ebenso stark vom Streckenangebot wie vom Zusatzantrieb abhängig. Der allgemeine Charakter einer E-Bike-Reise unterscheidet sich kaum von einer mehrtägigen Trekkingradtour mit einem normalen Fahrrad. Im Gegensatz zum Tourenradler aber, welcher reliefarme Destinationen bevorzugt *(siehe Tab. 1)*, kann sich der E-Biker theoretisch auch Landschaften mit geringen bis deutlichen Steigungen auf zwei Rädern erschließen. Allerdings bildet in Mittel- und Hochgebirgsregionen das Angebot von Radwander- bzw. Radfernwegen *(z.B. Dachsteinrunde)* noch die Ausnahme. Der größte Teil des Angebots beschränkt sich auf Rundtouren vom Ausgangsort. Fahrraddestinationen entlang von Flüssen erhoffen sich durch das Angebot von E-Bike-Touren abseits der

---

[42] So klagten etwa zwei Akkuwechselstationen am Dachstein, dass kaum E-Biker zu ihnen kommen. Ein Betrieb (Jausenstation Fliegenpilz) liegt sehr nahe des Ausgangsortes der E-Bike-Tour (Panorama-Route), der andere (Türlwandhütte) liegt etwas abseits am höchsten Punkt der Strecke. Da es von hier aus nur noch bergab geht, ist ein Akkuwechsel – ebenso wenig wie nahe des Ausganspunktes nicht zwingend notwendig.

flussbegleitenden Hauptroute einen längeren Aufenthalt ihrer Besucher. Inwiefern dieses Ziel erreicht wird, wurde in dieser Studie nicht geprüft.

Der für die Destination bedeutendere Wandel, betrifft jedoch die neue Zusammensetzung der Radfahrertypen. Während jede Destination zuvor mehrheitlich von einem gewissen Radfahrertyp (Mountainbiker am Dachstein; ältere Tourenradler im Taubertal) besucht wurden, kann die Innovation E-Bike zu neuen Nutzergruppen führen. Durch den Zusatzantrieb gestattet das Elektrofahrrad auch jenen betagteren Radtouristen, welche lange aktiv Rad fuhren, noch weitere Jahre ihre bevorzugte Freizeittätigkeit auszuüben. Neben dieser ursprünglichen Verwendung ermöglichen E-Bikes auch weniger sportlichen Touristen jeglichen Alters das radtouristische Angebot einer Destination wahrzunehmen. Diese Gruppe der „Nicht-Radfahrer" stellt einen bedeutenden Anteil der E-Bike-Touristen.

Bisher jedoch haben die Verleiher in etwa gleich viele E-Bikes an erfahrenere Radtouristen verliehen. Elektrofahrräder werden ebenso häufig von regionstreuen wie von erstmaligen Besuchern der Region geliehen. Ob diese erstmaligen Besucher jene sind, welche speziell aufgrund des E-Bike-Angebotes die Destination bereisen *(siehe Diagramm 18)*, kann diese Studie nicht eindeutig bestätigen. Die eingangs gestellte F o r s c h u n g s f r a g e , *ob der E-Bike-Tourist einen neuen Typ von Radtourist darstellt*, ist nicht eindeutig zu beantworten, da es *den* E-Bike-Touristen nicht gibt. Die Studie zeigt allerdings, dass die Innovation E-Bike einem neuen Besuchertyp, dem „Nicht-Radfahrer" die Vorzüge des Radtourismus zugänglich macht. Diese bisher eher den Wander-, Kultur- oder Wellnesstouristen zuzuordnende Gruppe, hat bisher kaum Radtourenerfahrung im Urlaub gesammelt und lässt sich nur aufgrund des innovativen Antriebssystems dazu bewegen. Eine Radtour mit einem herkömmlichen Fahrrad käme für sie nicht in Frage. Inwiefern eine E-Bike-Tour das Reiseverhalten dieser Touristen zukünftig beeinflusst, müsste in Langzeitstudien überprüft werden. Aus der Nutzerbefragung ergibt sich eine eindeutige Tendenz zu wiederholten E-Bike-Ausflügen bzw. -Reisen.

Diese Untersuchung bestätigt ebenfalls, dass die Mehrheit der E-Bike-Touristen als „Genussradler" bezeichnet werden können Der „Genuss-E-Biker" unterscheidet sich kaum vom „Genussradfahrer", gilt aber als etwas anspruchsvoller *(siehe Kap. 2.4.5)*. Wie der Tourenradler bevorzugt der Genussradler Tagesetappen zwischen 40 km und 60 km. Seine Interessen liegen in Kultur, Kulinarik und Landschaft. Der „sportliche

E-Biker-Typus" *(siehe Kap. 2.4.5)* ist nach wie vor in der Minderheit, da gerade unter sportlicheren Radfahrern die Zuhilfenahme einer elektrischen Motorunterstützung noch weitgehend verpönt ist. Jedoch ist analog zum *Phasenmodell* einer Innovation *(siehe Phasen der Innovation, Kap. 2.1.1)* ein Imagewandel erkennbar. Mit steigendem Vertrautheitsgrad der Innovation E-Bike sinkt die Adoptionsschwelle ein E-Bike zu fahren auch unter den langjährigen Radfahrern (Teil der *potenziellen Adoptern*). Die Steigerung der „Salonfähigkeit" der E-Bikes wird vermutlich auch den Anteil des sportlichen E-Biker-Typus erhöhen. E-Mountainbikes und die entsprechenden Landschaftstypen der Mittel- und Hochgebirge würden davon profitieren.

Schließlich war es Ziel dieser Arbeit, die wichtigsten **Erfolgsfaktoren eines E-Bike-Konzepts** zu ermitteln. Auf der technischen Ebene ist bei einer rein kundenorientierten Betrachtung ein Akkuwechselkonzept einem Akkuladekonzept deutlich überlegen, da es dem Gast keine Wartezeiten abverlangt. Andererseits entsteht bei einem Netzwerk aus Akkuwechselstationen für alle Leistungsträger ein zeitlicher und finanzieller Mehraufwand (von unterschiedlich großem Ausmaß). Akkuwechselkonzepte sind besonders in Destinationen mit einem Standort-Angebot (viele Regio- und Urlaubsradler) von Bedeutung. Gerade E-Mountainbike-Angebote setzten häufig auf ein Akkuwechselsystem, da in steilem Gelände die Reichweite des Akkus deutlich sinkt. Entlang von mehrtägigen Radwegen wird in Deutschland und Österreich aufgrund der Systemvielfalt nahezu ausschließlich auf Akkuladekonzepte gesetzt. Die Systemeinheitlichkeit der Schweiz bietet hier ein kundenorientiertes Gegenbeispiel *(siehe Kap. 2.4)*.

Analog zu den Erfahrungen der befragten Experten, konnte auch diese Studie bestätigen, dass Ladestationen eine rein psychologische Stütze für die Nutzer sind, welche zwar kaum genutzt, aber aufgrund der Erfahrungsarmut mit der Innovation E-Bike *noch* benötigt werden, sofern kein Akkuwechselsystem existiert.

Mindestens so wichtig wie ein gut funktionierendes Konzept aus E-Bike-Verleih und Akkulade- bzw. Akkuwechselsystem ist eine attraktive, an den Genuss-E-Biker-Typ angepasste Fahrradinfrastruktur. Diese sollte aus einer abwechslungsreichen Auswahl von gut beschilderten Radrouten verschiedener Schwierigkeitsgrade und einer generell fahrradfreundlichen touristischen Infrastruktur bestehen. Letzteres schließt vor allem an die Bedürfnisse von (Elektro-)Radfahrern angepasste Gastbetriebe, aber auch ausreichend Service- und Infrastrukturelemente mit ein. Hierzu zählen auf E-Bikes spezialisierte

Fahrradwerkstätten, genügend gesicherte Fahrradabstellplätze, abgesenkte Bordsteine und im Optimalfall ein radtourismuskompatibler öffentlicher Personennahverkehr. Die insgesamt zufriedenstimmende Nachfrage nach E-Bikefahrten im Südschwarzwald zeigt, dass das Vorhandensein von Kulturdenkmälern und attraktiven Ortschaften bzw. Städten für den Radtourismus nicht essentiell ist, da (Elektro-)Tourenradfahrer bei einem Mangel an kulturellen Sehenswürdigkeiten die Naturlandschaft zu schätzen wissen. Attraktionen, welche längere Aufenthaltszeiten verlangen, wie etwa Museen, sind für Streckenradfahrer, ob mit oder ohne zusätzlichen Elektroantrieb, von geringem Interesse.

Der Verfasser stimmt den Aussagen von MIGLBAUER (2011, S. 28) und HARTENSTEIN (2012) zu, welche betonen, dass der entscheidende Faktor für eine erfolgreiche Entwicklung des E-Bike-Tourismus in der Selbstverpflichtung der Region bestehe und nur durch das entschlossene Engagement der Leistungsträger (Verleiher, Gastwirte) ermöglicht werden könne. Weitere Ausführungen, welche Bedingungen für das Erreichen eines Mehrwerts nötig sind, finden sich in den Handlungsempfehlungen *(siehe Anlage 1).*

Ausblick

Auf Grundlage der Erkenntnisse aus dem bisherigen Forschungsstand und den vorliegenden Forschungsergebnissen, insbesondere den Experteninterviews, erscheint ein Ausblick auf mittel- und langfristige Entwicklungen im E-Bike-Tourismus sinnvoll. Betrachtet man die Marktentwicklung der E-Bikes *(siehe Diagramm 2)*, muss davon ausgegangen werden, dass die Verkaufszahlen und damit der Anteil der E-Bike-Fahrer im deutschsprachigen weiter ansteigen wird. Einer Sättigung der Diffusion E-Bike scheinen nur die Schweiz und die Niederlande näher zu rücken, Nachdem in den letzten Jahren durch eine „Revolution" im Elektrofahrraddesign der Kreis der potenziellen Adopter vergrößert wurde *(siehe Kap. 2.3)*, ist zukünftig davon auszugehen, dass technische Optimierung (z.B. leichtere E-Mountainbikes, mehr Drehmoment) den Einsatzbereich vielfältiger werden lassen.

Hinsichtlich der Nutzung des E-bikes im Tourismus muss zunächst zwischen Destinationen mit ursprünglicher radtouristischer Ausrichtung („Fahrradregionen" wie z.B. das *Liebliche Taubertal*) und jenen, welche den (Elektro-)Fahrradtourismus als Zusatzangebot betrachten (z.B. Dachstein-Region), unterschieden werden. In

Fahrraddestinationen wird die Bedeutung des Elektrofahrrad-Verleihs mittel- bis langfristig zurückgehen. Ursachen sind einerseits die wachsende Anzahl an Touristen, welche ihr eigenes E-Bike mitbringen (steigende Anzahl E-Bike-Besitzer), andererseits sinkt, sobald die Innovation E-Bike in die Sättigungsphase eintritt, langfristig die Anzahl jener, welche „es einmal ausprobieren möchten". In beiden Destinationstypen werden die auch bisher kaum genutzten „Ladestationen" mit steigenden Akkureichweiten und zunehmender E-Bike-Erfahrung und somit sinkender „Angst vor einem Stehenbleiben" bei den Touristen kurz- bis mittelfristig kaum mehr benötigt werden. Der kleine Anteil an „Langstrecken-E-Bikefahrern" weiß, dass ihm in kaum einem Gasthaus das Aufladen seines Akkus verwehrt wird. Die steigende Tendenz das eigene E-Bike mit in den Urlaub zu nehmen würde, solange keine entsprechende Standardisierung erfolgt, zukünftig aufgrund der vorhandenen Vielzahl nichtkompatibler Akkusysteme auch ein Akkuwechselkonzept erheblich erschweren. In Destinationen, in welchen die Mehrheit der Besucher das E--Bike-Angebot als Zusatzangebot nutzt, wird ein Verleih- und – je nach Topographie – ein Akkuwechselsystem weiterhin Bestand haben. Da sich Touristen allerdings nicht zwingend an die Grenzen der Tourismusdestinationen halten möchten, wäre für den Nutzer eine Kompatibilität der Akkuwechselsysteme – wie es etwa innerhalb der Gesamtheit der *movelo*-Regionen oder in der Schweiz der Fall ist – von entscheidendem Vorteil.

Potenzielle Konflikte durch den E-Bike-Tourismus sind nach Ansicht des Autors kaum zu erwarten, solange die Wegeführung von E-Bikern und Wanderern weitgehend getrennt bleibt. Befürchtete Konflikte durch zu viele E-Bikefahrer im sensiblen Naturraum der hochalpinen Zone *(siehe Kap. 3.1.3)* können nicht bestätigt werden, da nur die wenigsten E-(Mountain)bikefahrer ambitionierte Freizeitsportler sind und dort hinauf fahren.

Wie sich der fahrradtouristische Aktionsraum in Zukunft verteilen wird, bleibt abzuwarten. Der Autor geht davon aus, dass der E-Bike-Tourismus weiter zunehmen wird und sich die Fahrradlandschaft der Genussfahrer auf die Mittel- und Hochgebirge ausweiten wird. Ab welchem Grad der Adoption sich in diesen Regionen eine Sättigung einstellt, bleibt abzuwarten. Die topographische *Diffusionsbarriere (siehe Kap. 2.1.1)* könnte auch weiterhin bergige Regionen hemmen, einen ähnlich hohen Adoptionsgrad der "Innovation E-Bike-Tourismus" zu erreichen. Schließlich bleibt es weiteren Studien vorbehalten, diese Fragen zu klären. Für die nächsten Jahre, darf man davon ausgehen, dass Elektrofahrräder weiterhin als "Gallionsfigur" des neuen Fahrradbooms gelten. Dies werden sich Tourismusdestinationen sicher zu nutze machen – unabhängig von ihrer Topographie.

Zusammenfassung

Die vorliegende Arbeit untersucht die Auswirkungen des Elektrofahrrads (E-Bike) auf den Radtourismus. Insbesondere werden mögliche räumliche Neuerschließungen des fahrradtouristischen Aktionsraums analysiert. Im Fokus der Arbeit steht die Frage, inwiefern die Innovation eines durch einen Elektromotor unterstützten Fahrrads, die bisher geltende Voraussetzung einer relativ ebenen und damit fahrradfreundlichen Topographie für die Herausbildung eines massentauglichen Radtourismus aufhebt. Daraus entsteht die These, dass – abgesehen vom touristisch wenig bedeutsamen Mountainbike- und Rennradtourismus – der Faktor Topographie im „E-Bike-Zeitalter" nicht mehr limitierend auf die räumliche Verteilung des Radtourismus wirkt und somit auch Destinationen mit bewegten Topographien zu fahrradtouristischen Aktionsräumen werden. Gleichzeitig wird überprüft, ob auch Regionen, welche bisher kaum radtouristische Strukturen bieten, durch E-Bikes zu Fahrradregionen werden können. Ein weiteres Ziel ist die Herausarbeitung von Erfolgsfaktoren für E-Bike-Konzepte.

Theoretisch baut diese Studie auf der geographischen Innovations- und Diffusionsforschung auf, dessen Theorien ausführlich erläutert werden. Methodisch werden die Landschaftstypen Flusslandschaft, Mittelgebirge und Hochgebirge anhand von drei Beispielregionen verglichen: Die sehr stark im Radtourismus profilierte Flussregion Liebliches Taubertal, die bisher mehrheitlich von Mountainbikern genutzte Mittelgebirgslandschaft des Naturparks Südschwarzwald und die sich erst jüngst als Radregion profilierende Alpenregion Schladming-Dachstein.

Um sowohl das aktuelle Angebot als auch die Nachfrage des „E-Bike-Tourismus" in den Untersuchungsgebieten zu untersuchen, werden die Erfahrungen von zwei Dritteln aller E-Bike-Verleihbetriebe (Online-Befragung) sowie die Expertenmeinungen der jeweiligen Koordinatoren der E-Bike-Konzepte (Interviews) ausgewertet. Die Ergebnisse zeigen, dass die meisten Nutzer das E-Bike-Angebot spontan als eine von vielen Aktivitäten wahrnehmen und nur eine sehr geringe Anzahl der Touristen explizit aufgrund des entsprechenden Angebots die Region besucht. Obwohl die Innovation keine nennenswerte Steigerung der Touristenzahlen zu bringen scheint, vermag das E-Bike auch bisherige „Nicht-Radfahrer" zu Radtouren zu bewegen. Somit wird der aktiv erlebbare Aktionsraum dieser Urlaubsgäste wesentlich erweitert, obgleich die mit dem

E-Bike zurückgelegten Distanzen nur etwas länger als bei herkömmlichen Radfahrern sind. Zwar verzeichnen alle Untersuchungsregionen einen stetigen, leichten Anstieg an E-Bike-Nutzern, dennoch geht aus der Studie hervor, dass die verändernde Wirkung der Elektrofahrräder auf den Tourismus noch hinter den Erwartungen zurückbleibt. Aus diesem Grund gelangt diese Studie zu dem Schluss, dass, solange sich topographisch bewegte Destinationen nicht samt ihrer Leistungsträger konsequent dem (Elektro-)Radtourismus verschreiben, die Innovation Elektrofahrrad zwar eine Ausbreitung des Radtourismus bewirkt, eine topographische Abstufung hinsichtlich der Nutzungsintensität jedoch bestehen bleibt. Das alleinige Angebot eines E-Bike-Verleihs und ausgewiesener Tourenvorschlägen genügt dazu nicht. Zielgebiete, welche sich bereits an Mountainbiker angepasst haben, sind daher klar im Vorteil. Allerdings erscheint eine abschließende Evaluierung aufgrund des noch zu geringen Erfahrungszeitraums der E-Bike-Regionen zum jetzigen Zeitpunkt noch zu früh.

Die von den Beispielregionen unabhängige Online-Befragung von 139 E-Bike-Urlaubern ergab eine deutliche Verschiebung der präferierten Landschaftstypen im Vergleich zu jenen der Radfahrer. Mittel- und Hochgebirge, sowie die windreichen Küstenlandschaften nehmen durch die Innovation E-Bike stark an Beliebtheit zu.

Quellenverzeichnis

ADFC (2011): *Die ADFC Radreiseanalyse 2011.* Abgerufen am 09.05.13 von http://www.adfc.de/radreiseanalyse/die-adfc-radreiseanalyse-2011

ADFC (2012a): *Rechtliches für Pedelec-Fahrer.* Abgerufen am 26.03.12 von http://www.adfc.de/pedelecs/recht/rechtliches-fuer-pedelec-fahrer

ADFC (2012b): *Die ADFC Radreiseanalyse 2012.* Abgerufen am 09.05.13 von http://www.adfc.de/radreiseanalyse/die-adfc-radreiseanalyse-2012

ADFC (2013): *Elektrorad-Typen.* Abgerufen am 25.02.13 von http://www.adfc.de/pedelecs/elektrorad-typen/elektrorad-typen

ATTESLANDER, P. (2008): *Methoden der empirischen Sozialforschung.* Erich Schmidt Verlag. Berlin.

AUE BASEL-STADT (2009): *Das E-Bike.* Basel. Abgerufen am 09.04.12 von http://ebookbrowse.com/gdoc.php?id=435528730&url=5a7c5d1c98db4f8b65464bd3b5e9d6db

BACHLER, H. (2012): Inhaber des Intersport-Bachler, größter E-Bike-Verleiher der Region. Informelles persönliches Interview, geführt vom Verfasser. Titisee-Neustadt, 25. Sept. 2012.

BADER, A., F. LUPO, J. MOLLET, L. MÜLLER, S. OTT & D. VON MATT (2005): *Diffusionsschwierigkeiten von E-Bikes. Eine Studie über die Ursachen des Nicht-Kaufs.* In *Studentische Arbeiten an der IKAÖ, 37.* Interfakultäre Koordinationsstelle für Allgemeine Ökologie (IKAÖ). Universität Bern.

BATHELT, H. & J. GLÜCKLER (2003): Wirtschaftsgeographie. 2. Auflage. Verlag Eugen Ulmer. Stuttgart.

BERGMANN, R., D. KIENHOLZ, M. MÜLLER, F. SCHUPPLI & O. TSCHOPP (2006): *Die Wirkung der NewRide-Promotionskampagnen. Eine vergleichende Studie zur Förderung von E-Bikes in vier Gemeinden.* In: *Schriftenreihe Studentische Arbeiten der IKA, Nr. 47.* Interfakultäre Koordinationsstelle für Allgemeine Ökologie. Bern. Abgerufen am 28.02.12 von http://www.ikaoe.unibe.ch/publikationen/SR_Studentische_Arbeiten_47.pdf

BFN (2012a): *Landschaftssteckbrief. Hochschwarzwald (Südlicher Schwarzwald).* Abgerufen am 11.12.12 von http://www.bfn.de/geoinfo/landschaften/

BFN (2012b): *Landessteckbrief. Taubergrund Oberes Taubertal.* Abgerufen am 19.01.12 von http://www.bfn.de/0311_landschaft+M5bd4ebf512a.html?&cHash=3c812e496e778af30b02ff3b094a372f

BIEDERMANN, C. (2008): *Radwege-Bewertungskonzept.* Abgerufen am 19.12.12 von http://www.bayernbike.de/home/download/Radwege-Bewertungskonzept.pdf

BIEDERMANN, C. (2009): *Eurobike-Systemstandard©. Radwanderwege.* Abgerufen am 15.12.12 von http://www.bayernbike.de/home/download/Genussradlerskala.pdf

BIEDERMANN, C. (2013): *Klassifizierungsskala. Genussradlerskala.* Unveröffentlichtes Dokument.

BIEGER, T. (2008): *Management von Destinationen.* 7. Auflage, München.

BIKE EUROPE (2012): *Austria 2011: Breakthrough for E-bikes.* Abgerufen am 08.05.12 von http://www.bike-eu.com/Sales-Trends/Market-Report/2012/5/Austria-2011-Breakthrough-for-E-bikes-BIK005810W/

BMWI (2009): *Grundlagenuntersuchung: Fahrradtourismus in Deutschland. Langfassung.* Bonn. Abgerufen am 15.12.12 von http://www.bmwi.de/DE/Mediathek/publikationen,did=313226.html

BOCHERT, R. (2010): *Quellgebietsanalyse für das Liebliche Taubertal.* Fakultät für Wirtschaft 2, Hochschule Heilbronn. Abgerufen am 15.12.12 von http://mitarbeiter.hs-heilbronn.de/~bochert/23110S190.pdf

BOCHERT, R. (Hrsg.) (2011): *Fahrradtourismus.* Heilbronner Reihe Tourismuswirtschaft, Band 13. uni-edition. Berlin.

BORCHERDT, C. (1961): *Die Innovation als agrargeographische Regelerscheinung.* In: *Arbeiten aus dem Geographischen Institut. Band 6* (S. 13-50). Philospophische Fakultät der Universität des Saarlandes, Saarbrücken.

BREUER, T. (1985): *Die Steuerung der Diffusion von Innovationen in der Landwirtschaft. Dargestellt an Beispielen des Vertragsanbaus in Spanien.* In: *Düsseldorfer Geographische Schriften, Heft 24.* Geographisches Institut der Universität Düsseldorf.

BROWN, L. (1968): *Diffusion Dynamics. A review and revision of the quantitative theory of the spatial diffusion of innovation.* In: *Lund Studies in Geography.* Universität Lund.

BROWN, L. (1975): *The Market and Infrastructure Context of Adoption: A Spatial Perspective on the Diffusionof Innovation.* In: *Economic Geography, Vol. 51, No. 3, Studies in Spatial Diffusion Processes: II.* (S. 185-216).

BUNDESAMT FÜR KARTOGRAPHIE UND GEODÄSIE (2009): *Bundesrepublik Deutschland. Orohydrographische Karte. 1:250:000.* Abgerufen am 15.12.12 von http://www.bkg.bund.de/nn_167688/DE/Bundesamt/Downloads/Downloads__n ode.html__nnn=true

DEMARRAGE (2011): *Rhine Cycle Route. Market Analysis Report on the Rhine Cycle Route. Long Version.* Kleve. Abgerufen am 07.10.12 von http://www.demarrage.eu/uploads/media/DEMARRAGE_Market_Analysis_lon g_version_EN.pdf

DIEKMANN, A. (2002): *Empirische Sozialforschung. Grundlagen, Methoden, Anwendungen.* Rowohlt Tb. Reinbek.

DREYER, A. (2012): *Radfahren im System des Tourismus.* In: A. DREYER, E. MIGLBAUER, & R. MÜHLNICKEL (Hrsg.): *Radtourismus. Entwicklungen, Potentiale, Perspektiven* (S. 1-7). Oldenbourg Verlag. München.

DTV (2009): *Grundlagenuntersuchung: Fahrradtourismus in Deutschland. Kurzfassung.* Bonn. Abgerufen am 18.09.12 von http://www.bayernbike.de/home/download/DTV-Kurzversion.pdf

EFFERT, N. (2012): *Pedelecs und E-Bikes. Rückenwind aus der Steckdose. E-Mobilität.* Eine Sonderveröffentlichung des Reflex Verlages. In: *FAZ*, 30.03.12 (S. 14).

ETI (2007): *Regionalwirtschaftliche Effekte des Radtourismus in Rheinland-Pfalz.* Trier. Abgerufen am 06.06.12 von http://www.nationaler-radverkehrsplan.de/neuigkeiten/news.php?id=1978

ETRA (2010): *Thematic leader "Electric Bicycles". Give Cycling a Push. Presto Cycling Police Guide: Electric bicycles.* Brüssel. Abgerufen am 01.06.12 von http://www.etra-eu.com/docs/ElectricBicycles.pdf

EURLEX (2002): *Richtlinie 2002/24/EG.* Von Amtsblatt Nr. L 124 vom 09/05/2002 S. 0001 – 0044. Abgerufen am 19.08.12 von http://eur-lex.europa.eu/LexUriServ/LexUriServ.do?uri=CELEX:32002L0024:DE:HTML

EUROPEAN CYCLISTS FEDERATION (2011): *Cycle more Often 2 cool down the planet. Quantifying Co2 savings of Cycling.* Abgerufen am 10.04.12 von http://www.ecf.com/wp-content/uploads/ECF_CO2_WEB.pdf

FRAGE, H. (2012): Sachgebietsleiterin, Tourismusverband Liebliches Taubertal. Persönliches Interview, geführt vom Verfasser. Tauberbischofsheim, 17. Sept. 2012.

FRITSCH, M. (2011): *Clevere Konzepte für Verleihangebote: Dienstleister heben Hotelgäste in den E-Bike-Sattel.* In: *velotouristik.biz.* Ausgabe 1/11 (S. 9-13).

GIEBELER, B. (2012): *Der Radtourismus – ein wichtiges Betätigunsfeld für die Lobbyorganisation der Alltagsradler.* In: A. DREYER, E. MIGLBAUER, & R. MÜHLNICKEL (Hrsg.): *Radtourismus. Entwicklungen, Potentiale, Perspektiven* (S. XIII-XIV). Oldenbourg Verlag. München.

GÖRTZ, M. & D. HÜRTEN (2011): *Motive der Radurlauber, psychographische Merkmale und Reiseverhalten.* In: A. DREYER, E. MIGLBAUER, & R. MÜHLNICKEL (Hrsg.): *Radtourismus. Entwicklungen, Potentiale, Perspektiven* (S. 36-43) Oldenbourg Verlag. München.

GSCHAIDER, P. (1981): *Bildung von räumlichen Diffusionszentren am Beispiel einer Investitionsgüterinnovation.* Dissertation. Frankfurter Wirtschafts- und Sozialgeographische Schriften 40. Selbstverlag des Instuts für Wirtschafts- u. Sozialgeschichte der Johann-Wolfgang-Goethe-Universität Frankfurt.

HAEFELI, U. & D. WALKER (2008): *Begeleitforschung NewRide 2008. Langzeitprofil von E-Bike-Käufern in Basel.* Luzern. Abgerufen am 15.03.12 von http://www.newride.ch/documents/forschung/F_Langzeitprofil.pdf

HÄGERSTRAND, T. (1952): *The Propagation of Innovation Waves.* In: *Lund Studies in Geography.* Universität Lund.

HÄGERSTRAND, T. (1953/1967): *Innovation Diffusion as a Spatial Process ("Innovation of Loppet ur Korologisk Synpunkt")*. Postscript and translation by Allan Pred. University of Chicago Press.

HARKER, J. (2012): *Bike BIZ*. Abgerufen am 09.10.12 von http://www.bikebiz.com/news/read/uk-bike-sales-slip-in-2011/013764

HARTENSTEIN, N. (2012): Projektleiterin "Radhelden" - Koordination des fahrradtouiristischen Angebots in Rheinland-Pfalz. Informelles telefonisches Interview, geführt vom Verfasser. Koblenz, 13. April. 2012.

HIRT, E. (2012): Inhaber von Ski-Hirt und Betreiber des Akkuwechselsystems im Südschwarzwald. Persönliches Interview, geführt vom Verfasser. Titisee-Neustadt, 25. Sept. 2012.

HOCHSCHWARZWALD TOURISMUS GMBH (2013): *Pressemitteilung. Die Revolution der Gemütlichkeit: Der Hochschwarzwald definiert den Urlaub neu*. Abgerufen am 22.12.12 von http://m.hochschwarzwald.de/content/download/6225/86155/version/2/file/Press emitteilung_Die+Revolution+der+Gem%C3%BCtlichkeit_PK+Waldorf+Astoria .docx.

HOFMANN, H. & S. BRUPPACHER (2008): *Erfahrungen aus der Praxis bei der gezielten Verbreitung von E-Bikes als Innovation im Mobilitätsbereich*. In: *Umweltpsychologie 12 (1)* (S. 49–55).

HÖLLBACHER, S. (2012): Regionalmanagerin, movelo GmbH. Schriftliches Interview, geführt vom Verfasser. Bad Reichenhall, 12. Okt. 2012.

HOTZ, S. (2012): Bereichsleiter Themenmanagement, Schwarzwald Tourismus GmbH. Persönliches Interview, geführt vom Verfasser. Freiburg i. Br., 24. Sept. 2012.

KAIROS (2010): *Landrat. Neue Mobilität für den Alltagsverkehr in Vorarlberg*. Abgerufen am 07.12.12 von http://landrad.at/landrad/

KEAM, C. (2012): *Bike Europe*. Abgerufen am 21.09.12 von http://www.bike-eu.com/Sales-Trends/Market-Report/2012/9/France-2011-After-Five-Years-Market-Swings-Up-1071324W/

KUNTH, T. (2011): *Fernradwanderwege*. In: R. BOCHERT (Hrsg.): *Farhrradtourismus*. Heilbronner Reihe Tourismuswirtschaft, Band 13 (S. 112-189). uni-edition. Berlin

LAND SALZBURG (2012): *Gemeinde Filzmoos*. Abgerufen am 05.12.12 von http://www.salzburg.gv.at/20003stat/gemeindeportraet/gp_statistik_daten_Filzm oos.pdf

LAND STEIERMARK (2012): *Gemeinden, Bezirke, Regionen*. Abgerufen am 22.12.12 von http://www.verwaltung.steiermark.at/cms/ziel/74838408/DE/

LANGHAGEN-ROHRBACH, C. (2007): *Neuere Trendsportarten im Outdoor-Bereich*. In: C. BECKER, H. HOPFINGER, & A. STEINECKE (Hrsg.): *Geographie der Freizeit und des Tourismus. Bilanz und Ausblick. 3. Auflage* (S. 345-356). Oldenbourg Wissenschaftsverlag GmbH. München.

LE BRIS, J. (2011): *Das Elektro-Rad bzw. Pedelec als neues Verkehrsmittel.* Unveröffentlichte Präsentation auf der Jahrestagung des Arbeitskreis Verkehr/DGfG. Universität Tübingen.

LFU (2005): *Geotope im Regierungsbezirk Freiburg.* Abgerufen am 01.11.12 von http://www.lubw.baden-wuerttemberg.de/servlet/is/11107/geotope_freiburg.pdf?command=downloadContent&filename=geotope_freiburg.pdf

LIEBLICHES TAUBERTAL (2011): *Geschäftsbericht.* Unveröffentlichtes Dokument des Tourismusverbandes Liebliches Taubertal. Tauberbischofsheim.

LIEBLICHES TAUBERTAL (2012): *Radeln. Sportlich oder genießerisch.* Abgerufen am 21.06.12 von http://www.liebliches-taubertal.de/showpage.php?RADELN&SiteID=91

MAIN-TAUBER-KREIS (2010): *Das Akkuladenetz im „Lieblichen Taubertal" wächst.* Abgerufen am 08.10.12 von http://www.main-tauber-kreis.de/index.phtml?call=detail&css=&La=1&FID=228.842.1&&mNavID=1.100&ffmod=pres&ffsm=1

MIGLBAUER, E. & E. SCHULLER (1991): *Wie reisen Radler? Ergebnis einer wissenschaftlichen Untersuchung des Donau-Radweg-Tourismus.* In: A. BAYERN (Hrsg.): *Fahrrad und sanfter Tourismus - Wir radeln für die Zukunft.* Dokumentation der Fachtagung: Fahrradtourismus - eine nue Reiseform - Aufgaben für Politik und Planung. München.

MIGLBAUER, E. (2011): *Voraussetzungen für radtouristische E-Mobilitätsangebote - insbesondere auf den touristischen Radrouten in Niederösterreich.* Unveröffentlichte Präsentation. Invent - Institut für regionale Innovationen. Ottensheim.

MIGLBAUER, E. (2012): *Neue Entwicklungen im Radtourismus.* In: A. DREYER, E. MIGLBAUER, & R. MÜHLNICKEL (Hrsg.): *Radtourismus. Entwicklungen, Potentiale, Perspektiven* (S. 18-35). Oldenbourg Verlag. München.

MOVELO GMBH (2012): *Presseinformation - Imagetext.* Abgerufen am 04.11.12 von http://www.movelo.com/medien/pressetext-2012.pdf

MOVELO GMBH (2013): *movelo Urlaubskatalog 2013.* Abgerufen am 04.04.13 von www.movelo.com

MOVELO-REGION SCHLADMING DACHSTEIN, RAMSAU AM DACHSTEIN, FILZMOOS (2012): *Prospekt 2012.* Abgerufen am 21.06.12 von http://www.schladming-dachstein.at/sd/pdf/prospekte-de/mov_a3_schladming_dachstein_2012_endversion.pdf

MÜLLER, T. & E. MÜLLER (2011): *E-Bike-Technik: Funktion und Physik der Elektrofahrräder.* Books on Demand GmbH. Norderstedt.

NATURPARK SÜDSCHWARZWALD (2012): *E-Bike im Naturpark Südschwarzwald.* Abgerufen am 11.12.12 von http://www.naturpark-suedschwarzwald.de/freizeit-sport/e-bike-naturpark-suedschwarzwald

NEUPERT, H. (2011): *Touristische Entwicklung des Elektrofahrrades.* Präsentation beim e-TALK Congress am 3.6.2011 in Bad Reichenhall. Abgerufen am 27.03.13 von http://extraenergy.org/main.php?language=de&id=8920

OBSERVATOIRE UNIVERSITAIRE DE LA MOBILITE (2009): *Usagers, usages et potentiel de vélos à assistance de électrique. Résultats d'une enquête menée dans le canton de Genève.* Université de Genève. Abgerufen am 29.03.13 von http://www.bfe.admin.ch/php/php?file=&name=000000290090.

OUTDOORACTIVE (2012): *Schwarzwald Tourenplaner.* Abgerufen am 27.11.12 von http://alpregio.outdooractive.com/ar-schwarzwald/de/alpregio.jsp

PAETZ, A.-G., L. LANDZETTEL & W. FICHTNER (2012): *Wer nutzt Pedelecs und warum?* In: *Internationales Verkehrswesen, Vol. 64. Nr. 1* (S. 34–37).

PARDEY, H.-H. (2012): *Elektrisch durch den Alltag.* In: *FAZ, 30.09.12* (S. V7).

PETERMANN, T., C. REVERMANN & C. SCHERZ (2006): *Zukunftstrends im Tourismus.* In: *Studien des Büros für Technikfolgenabschätzung beim Deutschen Bundestags* edition sigma. Berlin.

PIKKEMAAT, B. & M. PETERS (2006): *Zur Relevanz von Innovationen im Tourismus. Eine Einführung.* In: B. PIKKEMAAT, M. PETERS, & K. WEIERMAIR (Hrsg.): *Innovationen im Tourismus. Wettbewerbsvorteile durch neue Ideen und Angebote* (S. 3–8) Erich Schmidt Verlag. Berlin.

PUSSAK, M. & S. SCHULDT (2009): *Evaluation der des E-Bike-Projekts.* Unveröffentlichte Präsentation. Institut für Natursport und Ökologie. Deutsche Sporthochschule Köln.

RADWEG LIEBLICHES TAUBERTAL [FLYER] (2012): *Liebliches Taubertal.* Abgerufen am 21.06.12 von http://www.liebliches-taubertal.de/showpage.php?RADELN/E_Bike_Region&SiteID=663

RAI/BOVAG/CBS/GfK RETAIL AND TECHNOLOGY BENELUX B.V. (2011): *Fietsen in de Statistiek.* Amsterdam. Abgerufen am 10.09.12 von http://www.fietsberaad.nl/library/repository/bestanden/statistiek%202006-2010%20RAI.pdf

REICHENBACH, M. (2012): *Die Sensibilität unterschiedlicher Mobilitätstypen für die Begünstigung von Verhaltensänderungen durch Kontextänderungen. Eine Untersuchung ausgewählter Gruppen am Beispiel der Bewertung des E-Bikes.* Masterarbeit an der Philosophisch-Naturwissenschaftlichen Fakultät der Universität Basel.

REUBER, P. & C. PFAFFENBACH (2005): *Methoden der empirischen Humangeographie.* Westermann. Braunschweig.

RÖDER, P. & U. MÜLLER (2012): *E-Mobilität im Tourismus - Eine Bilanz.* Technische Universität Dresden: Institut für Wirtschaft und Verkehr. Abgerufen am 09.01.13 von http://www.minden-luebbecke.de/loadDocument.phtml?ObjSvrID=1891&ObjID=1596&ObjLa=1&Ext=PDF.

Rogers, E. (2003): *Diffusion of Innovations.* 5th Edition. Free Press. New York.

Romer, D. & P. Beritelli (2006): *Inkrementelle versus radikale Innovation im Tourismus.* In: B. Pikkemaat, M. Peters, & K. Weiermair (Hrsg.): *Innovationen im Tourismus. Wettbewerbsvorteile durch neue Ideen und Angebote. Schriften zu Tourismus und Freizeit 6* (S. 53-64). Erich Schmidt Verlag. Berlin.

Rosenau, J. (2011): Fahrradtourismus – ein deutscher Wachstumsmarkt. In: R. Bochert (Hrsg.): *Fahrradtourismus.* Heilbronner Reihe Tourismuswirtschaft. Band 13 (S. 3-100). uni-edition. Berlin.

Schätzl, L. (2001): *Wirtschaftsgeographie 1 - Theorie. 8., überarbeitete Auflage.* Schöningh. Paderborn.

Schladming-Dachstein (2012): *Mit einem Lächeln die Berge hinauf.* Abgerufen am 21.06.12 von http://www.schladming-dachstein.at/de/urlaubsthemen/sommer/rad-u-mtb/e-bike#

Schladming-Dachstein Tourismusmarketing GmbH (2012): Unveröffentlichte Rohdatei. Schladming-Dachstein Tourismusmarketing GmbH. Schladming.

Schneider, B. (2009): *E-bike Reichweitentest. Alltagstauglichkeit von Elektrobikes. Schlussbericht 2008.* Bern. Abgerufen am 04.04.12 von http://www.newride.ch/downloads/forschung/F_Schlussbericht_E_Bike_Test.pdf

Schnell, P. (2007): *Fahrradtourismus.* In: C. Becker, H. Hopfinger, & A. Steinecke (Hrsg.): *Geographie der Freizeit und des Tourismus. Bilanz und Ausblick. 3. Auflage* (S. 331-344). Oldenbourg Wissenschaftsverlag GmbH. München.

Schumpeter, J. (1911/1987): *Theorie der wirtschaftlichen Entwicklungen. 7. Auflage.* Unveränderter Nachdruck der 1934 erschienenen 4. Auflage. Duncker & Humblot. Berlin.

Schwarzwald Tourismus GmbH (2012): *Naturpark Südschwarzwald.* Abgerufen am 27.11.12 von http://www.schwarzwald-tourismus.info/Entdecken/Natur-erleben/Naturpark-Suedschwarzwald

Sinus (2011): *Fahrrad-Monitor Deutschland. Ergebnisse einer repräsentativen Online-Befragung.* Heidelberg. Abgerufen am 25.08.12 von http://www.bmvbs.de/cae/servlet/contentblob/85100/publicationFile/57823/fahrrad-monitor-deutschland-2011.pdf

Steiner, H. (2012): Koordination E-Bike-Angebot und Projektleitung Mountainbike am Dachstein. Persönliches Interview, geführt vom Verfasser. Schladming, 28. Sept. 2012.

Steinhauser, C. & B. Theiner (2006): *Wellness als Quelle touristischer Innovationen.* In: B. Pikkemaat, M. Peters, & K. Weiermair (Hrsg.): *Innovationen im Tourismus. Wettbewerbsvorteile durch neue Ideen und Angebote. Schriften zu Tourismus und Freizeit 6* (S. 289-300). Erich Schmidt Verlag. Berlin.

T.I.P. BIEHL & WAGNER (2010): *Auszug aus der Eigenstudie. Thema „Pedelec": Nutzerpotenziale'*. Trier. Abgerufen am 01.09.12 von http://tip-web.de/index.php/download_file/view/36/109/

TIMMDORF, J. (2011): *Der neue Fahrradboom. E-Bikes und Pedelcs.* fastbook publishing.

TRENDSCOPE (2012a): *Bericht: Entscheider-Panel-Rad. Juli 2012.* Unveröffentlichter Bericht. Trendscope GbR. Köln.

TRENDSCOPE (2012b): *Bericht: Entscheider-Panel-Rad. November 2012.* Unveröffentlicher Bericht. Trendscope GbR. Köln.

TRENDSCOPE (2012c): *Radreisen der Deutschen. Kontinuierliche Marktstudie. Basispaket. Online Befragung 2012.* Unveröffentlichte Studie. Trendscope GbR. Köln.

ULVAC (2012): *The Rapid Spread of Highly Functional Electrically Power Assisted Bicycles. Ulvac. Nr. 62* (S. 10-12). Abgerufen am 17.11.12 von http://www.ulvac.co.jp/eng/information/prm/prm_arc/062e/ulvac062e-02.pdf

VCD (2013): *Das E-Rad — mit Recht Hoffnungsträger urbaner Mobilität?* Berlin. Abgerufen am 12.01.13 von http://www.e-radkaufen.de/fileadmin/user_upload/bessere-radkaufen/e-Rad_presse/VCD_Hintergrundpapier_E-Rad_Nutzerumfrage.pdf.

VELOSUISSE (2011): *Verband der Schweizer Fahrradlieferanten.* Abgerufen am 16.05.12 von http://www.velosuisse.ch/de/statistik_aktuell.html

WEINDL, G. (2012): *Viel Watt und wenig Muskelkraft.* In: *FAZ, 13.09.12* (S. R2).

WIRTH, E. (1979): *Theoretische Geographie. Grundzüge einer theoretischen Kulturgeographie.* Teubner Studienbücher Geographie. Stuttgart.

WITT, H. (2001): *Forschungsstrategien bei quantitativer und qualitativer Sozialforschung.* In: *Forum Qualitative Sozialforschung2(1), Art. 8.* Abgerufen am 22.10.12 von http://nbn-resolving.de/urn:nbn:de:0114-fqs010189.

WKÖ (2011): *WKÖ-Pressesendungen. Von klima:aktiv mobil und WIFI: Fit for E-Bike mit neuen Ausbildungen.* Abgerufen am 03.10.12 von http://portal.wko.at/wk/format_detail.wk?angid=1&stid=602806

WOLF, H. (2009): *Radwege auf dem Prüfstand.* In: *Radtouren,* 1/09 (S. 36-39).

www.alpenbiken.at (2013): *Mountainbike Dachsteinrunde. Drei Varianten.* Abgerufen am 03.03.13 von http://www.touristik.at/de/mountainbike/956845/angebote/sort-online_date/order-desc/skip-0.html

www.bosch-ebike.de (2013): *Battery Pack.* Abgerufen am 28.02.13 von http://www.bosch-ebike.de/de/elemente/battery_pack/battery_pack_2.html

www.e-bikeinfo.de (2012): *E-Bike-Verkäufe 2012.* Abgerufen am 12.12.12 von http://www.e-bikeinfo.de/e-bike-news/e-bike-verkaeufe_2012

www.e-BikeWelt.de (2013): *e-BikeWelt. Kitzbüheler Alpen - Kaisergebirge.* Abgerufen am 09.01.13 von http://www.e-bikewelt.com/

www.electric-bicycle-guide.com (2013): *Reveal the electric bicycle history.* Abgerufen am 03.02.12 von www.electric-bicycle-guide.com/electric-bicycle-history.html

www.extraEnergy.org (2012): *Relativitätstheorie zur Reichweite.* Abgerufen am 05.04.2012 von http://extraenergy.org/main.php?language=de&category=&subcateg=&id=20487

www.flyer.ch (2013): *Willkommen im FLYER-Land Schweiz.* Abgerufen am 12.01.13 von http://www.flyer.ch/topic13860.html

www.herzroute.ch (2012): *Die schönste Velowanderroute der Schweiz.* Abgerufen am 12.12.12 von www.herzroute.ch

www.kaloveo.de (2012): *E-Bike-Verleih.* Abgerufen am 07.11.12 von http://www.kaloveo.com/de/e-bike-verleih.html

www.marketinglexikon.ch (2013): *Diffusiontheorie, Rogers.* Abgerufen am 10.05.13 von http://www.marketinglexikon.ch/terms/83

www.mygeo.info (2013): *Räumliche Diffusion.* Abgerufen am 12.04.13 von http://www.mygeo.info/skripte/skript_bevoelkerung_siedlung/rela2.htm

www.pedelec-portal.net (2013): *Akkuleistung und Energieverbrauch von Pedelecs.* Abgerufen am 02.02.13 von http://www.pedelec-portal.net/akkuleistung-und-energieverbrauch-von-pedelecs/0048

www.tagesschau.de (2010): *Die leise Revolution auf Shanghais Straßen.* Abgerufen am 04.09.10 von http://www.tagesschau.de/ausland/elektrofahrraeder100.html

www.tagesschau.de (2012): *Elektrofahrräder in China.* Abgerufen am 14.08.12 von http://www.tagesschau.de/wirtschaft/elektrofahrraeder-china100.html

www.upload.wikimedia.org (2012): *Topographie des Schwarzwalds.* Abgerufen am 09.11.12 von /wikipedia/commons/c/cd/Schwarzwald_topo.jpg

www.de.wikipedia.org/wiki/Datei:Reliefkarte_Tauber.jpg (2012): Reliefkarte Tauber. Abgerufen am 17.01.13 von *www.de.wikipedia.org/wiki/Datei:Reliefkarte_Tauber.jpg*

www.wright20.com (2013): *Bike to the Future.* Abgerufen am 03.02.13 von www.wright20.com/assets/images/auctions/PPVF/lit/259/259_3.jpg

ZAHL, B., M. LOHMANN, & I. MEINKEN (2007): *Reiseverhalten zukünftiger Senioren: Auswirkungen des soziodemographischen Wandels.* In: C. HAEHLING VON LANZENAUER, & K. KLEMM (Hrsg.): *Demographischer Wandel und Tourismus. Zukünftige Grundlagen und Chancen für touristische Märkte* (S. 91-107). Erich Schmidt Verlag. Berlin.

ZASTROW, S. (2011): *Das Elektrofahrrad als Innovation im Freizeitmarkt. Bedeutung, Akzeptanz und Zukunftschancen am Beispiel der Destination Rügen.* Magisterarbeit an der Leuphana Universität Lüneburg.

ZIV (2012): *Präsentation für die VELOBerlin am 21. März 2012 in Berlin.* Abgerufen am 18.12.12 von: http://www.ziv-zweirad.de/public/pk_2012-ziv-praesentation_21-03-2012.pdf

ZUKUNFTSINSTITUT (2013): *Megatrends.* Abgerufen am 04.02.13 von http://www.zukunftsinstitut.de/megatrends

ZWINGENBERGER, K. (2012): *Die beliebte Kraft des Elektromotors.* In: *FAZ - RheinMainMarkt*, 15.04.12 (S. 1).

Anhang

Anlage 1: Handlungsempfehlungen für Tourismusdestinationen

Zum Abschluss der Studie sollen für Tourismusdestinationen, welche aktuell ein E-Bike-Konzept anbieten oder planen, einige Handlungsempfehlungen aufgeführt werden. Es wird auf MIGLBAUER (2011, S. 32f., 72ff.) verwiesen, welcher detaillierte Handlungsempfehlungen für E-Bike-Destinationen herausgibt. Die wichtigsten Anforderungen für ein erfolgreiches E-Bike-Konzept seien eine hochwertige radtouristische Infrastruktur und die Identifizierung aller Leistungsträger mit ihrem Angebot. Ferner sollte jede Destination seine Produkt-Markt-Kombination sichern, indem sie ihre gewünschten Zielgruppen an ihr bereits vorhandenes Angebot anpassten. Ebenso essentiell für eine erfolgreiche Nachfrage des E-Bike-Angebots sei die „touristische Kommunikation". Dem anspruchsvollen E-Bike-Tourist müsse aufgrund des derzeit noch hohen Beratungsbedarfs ausreichend Informationen und Sicherheit geboten werden. Entsprechende selbstverständliche Maßnahmen sollten daher eine sichere Beratung bereits vor der Anreise sein, während die Beratung vor Ort die Besucher über die richtige Fahrtechnik und Routenwahl informieren solle, wobei auch auf Unsicherheiten (z.B. Bergabfahrten, Energieversorgung) einzugehen sei. Darüber hinaus komme man dem Besucher durch das Angebot einer Testfahrt und speziellen Angeboten (z.B. spezielles Fahrsicherheitstraining, geführte Touren) sehr entgegen. Optimal sei die Kooperation mit lokalen Reiseveranstaltern, womit Kompetenz aufgebaut werde. Zur touristischen Kommunikation gehöre auch die entsprechende Wahrnehmbarkeit des E-Bike-Angebots. Die einzelnen Einheiten des Angebots (E-Bike-Touren, Lade-/Tauschstationen, fahrradfreundliche Gastbetriebe, Transportservice, Website) müssten vor allem visuell durch einheitliche Werbung wahrnehmbar sein. Ein weiterer wichtiger Baustein sei eine klare, vordergründige Kommunikation der E-Bikes als Profilierungssegment der Radregion und damit eine Positionierung der Destination als E-Bike-Region. Die E-Bike-Angebote sollten nicht als „Nebengeschäft" präsentiert werden, sondern auf gleicher Ebene mit den Angeboten für das Radwandern oder Mountainbike-Touren. Eine attraktive Onlinepräsentation des Routenangebots inklusive interaktiver Karten mit Routen, Verleih-, Service- und Akkustation sei heute obligatorisch.

Auch ZASTROW (2011, S. 20) hebt die hohe Bedeutung der Kommunikation hervor. Denn entsprechend der Einordnung des E-Bike-Tourismus in den Produktlebenszyklus *(siehe Kap. 2.1)* sollten sich die strategische Ausrichtung des Marketings und die zugehörigen Leistungen an den speziellen Anforderungen der Wachstumsphase orientieren. Zentraler Aspekt sei eine hohe Intensität der Kommunikationsmaßnahmen zum Aufbau eines hohen Bekanntheitsgrades sowie eines positiven Images. Im Allgemeinen ist es für den E-Bike-Tourismus von großer Wichtigkeit, dass alle Leistungsträger aktiv zum Imagewandel des E-Bikes beitragen und das Marketing auch auf eine junge und sportliche Zielgruppe abzustimmen und Vorurteile bei Gästen abzubauen, welche mit dem Elektrofahrrad noch immer Unsportlichkeit assoziieren (vgl. RÖDER & MÜLLER, 2012, S. 8).

Um die „Adoptionsschwelle" der Touristen, einmal ein E-Bike zu testen, zu überwinden, können „Lockangebote" sehr hilfreich sein. Wie am Beispiel der *Hochschwarzwald Card* zu erkennen ist, werden Angebote, welche die E-Bike-Miete einschließen, sehr gut angenommen, da die ansonsten hohe Mietgebühr viele Gäste von einem Ausprobieren abhält. Einen weiteren Gewinn für die Kundenzufriedenheit wäre eine für die Radverleiher mit einem Mehraufwand verbundene „One-Way-Miete" Dieser Service würde nicht nur in Destinationen mit Etappen-Angebot die Reiseart mit dem Elektrofahrrad als Fortbewegungsmittel noch flexibler und zur echten Alternative zu öffentlichen Verkehrsmitteln und Taxis machen, da der Gast nicht mehr an den Ausgangspunkt zur Rückgabe des Leihrads zurückkehren muss (vgl. BMWi, 2009, S 111).

Nach KUNTH (2011, S. 171ff.) stellt die Erzeugung von Wettbewerbsvorteilen, aufgrund der zunehmenden Sättigung des Radtourismusmarktes und der Fülle immer ähnlicher werdender touristischer Produkte, Destinationen vor eine schwierige Herausforderung. Strecken müssten immer wieder erweitert werden um neue und alte Kunden weiterhin anzulocken. ZASTROW (2011, S. 102) ergänzt, dass zur dauerhaften Generierung von Wettbewerbsvorteilen ein innovatives Leistungsangebot durch Elektrofahrräder nur Potenzial biete, wenn das Angebot mit den Kernkompetenzen der Destination verknüpft sei. Eine Möglichkeit wäre das Einbeziehen von „besonderen Erlebnissen" wie Veranstaltungen oder der Hervorhebung regionaltypischer Gerichte bzw. Produkte entlang der Strecke.

Anlage 2: Überblick über die Elektrofahrradkategorien in Deutschland

	Pedelec	Schnelles Pedelec	E-Bike
Rechtliche Einordnung	Fahrrad	Kleinkraftrad	
Motorunterstützung ohne Treten	Keine	Bis 20 km/h	
Motorunterstützung mit Treten	Bis 25 km/h	Bis 45 km/h	Keine
Motorleistung	< 250 Watt	< 500 Watt	
Betriebserlaubnis	Keine	Erforderlich	
Versicherungspflicht	Keine[1]	Haftpflichtversicherung	
Führerschein	Keiner [2]	Mofa-Prüfbescheinigung [3]	
Helmpflicht	Keine	Keine	

[1] Auch Pedelecs mit einer Anfahrhilfe bis 6 km/h sind normalerweise in der Privathaftpflichtversicherung mitversichert. Je nach Versicherungsvertrag kann es zu Abweichungen kommen.

[2] Für Pedelecs mit Anfahrhilfe bis 6 km/h gilt: Personen, die nach dem 1.4.1965 geboren sind, benötigen mindestens eine Mofa-Prüfbescheinigung.

[3] Nur erforderlich für Personen, die nach dem 1.4.1965 geboren sind. Bei Besitz eines anderen Führerscheins erübrigt sich eine Mofa-Prüfbescheinigung.

Quelle: ZASTROW (2011, S. 9)

Anlage 3: E-Bikes der Marke Flyer am Titisee, Südschwarzwald

Eigene Aufnahme, Sept. 2012

Anlage 4: E-Bikefahren am Hohen Dachstein

Eigene Aufnahme, Sept. 2012

Anlage 5: Fragebogen für E-Bike-Verleiher

1. In welcher Region ist Ihr Betrieb ansässig?
○ Liebliches Taubertal
○ Schwarzwald
○ Schladming Dachstein

2. Welche Funktion hat Ihr Betrieb neben dem Fahrradverleih?
☐ Gastronomie
☐ Hotel
☐ Fahrradgeschäft
☐ Tourist Information
☐ Sonstiges

3. Auf welcher Seehöhe (in Metern) liegt Ihr Verleihbetrieb in etwa?
Wenn Sie diese Frage nicht beantworten möchten, können Sie das Feld leer lassen!

Meter Seehöhe (in etwa):

4. Wie hoch ist der Anteil der E-Bikes an allen Fahrrädern, die zum Verleih zur Verfügung stehen?
○ 0-10%   ○ 11-25%   ○ 26-50%   ○ 51-75%   ○ 76-100%

5. Welchen Anteil an E-Bikes in Ihrem Verleih streben Sie mittelfristig an?
○ 0-10%   ○ 11-25%   ○ 26-50%   ○ 51-75%   ○ 76-100%

Liebe StudienteilnehmerInnen, liebe E-Bike Verleihbetriebe,

E-Bikes sind eine Innovation im Radtourismus. Verändert sich dadurch auch die Geographie des Radtourismus?

Im Rahmen meiner Masterarbeit untersuche ich den gegenwärtigen Wandel im Fahrradtourismus durch die Innovation E-Bike.

Ich freue mich, dass Sie mir **etwa 10 Minuten** Ihrer Zeit schenken.

Der Fragebogen ist selbstverständlich anonym und wird gemäß den gesetzlichen Bestimmungen des Datenschutzes streng vertraulich behandelt und nur zu wissenschaftlichen Zwecken verwendet.

Der Fragebogen ist abrufbar unter der nachfolgenden Adresse: https://www.soscisurvey.de/ebikes Sie können Ihn direkt am Computer ausfüllen

Ich bedanke mich herzlich für Ihre Unterstützung!

Matthias Breuer

Weiter

6. Was kostet die E-Bike-Miete ... in Euro?

pro Stunde
pro Halbtag
pro Tag

7. Wie bewerten Sie die Auslastung der E-Bikes in Ihrem Verleih?

○ sehr gut ○ gut ○ befriedigend ○ ausreichend ○ mangelhaft ○ ungenügend

8. Wie hoch ist die Auslastung der E-Bikes im Vergleich zu normalen Rädern?
Bitte verschieben Sie den Schieberegler auf den gewünschten Grad der Veränderung!

wesentlich schlechter ―――――― wesentlich besser

9. Glauben Sie, dass sie persönlich vom E-Bike Boom profitieren (werden) ?

○ Ja
○ Nein
○ Noch nicht, aber ich rechne bald damit
○ Weiß nicht

10. Zusätzlich zu Ihren E-Bikes, bieten Sie .... an?
Sie können mehrere Antworten ankreuzen!

☐ Akku Laden
☐ Akkuwechsel
☐ Schnupperfahrten
☐ eine Einweisung
☐ Besonderer Tarife (Familien, Studenten-, besondere Wochen-/Monatstage, Schnupperrunde, Langzeittarife)
☐ Pauschalangebote (Übernachtung + Verleih; Verleih + Picknickkorb; etc., ...)
☐ geführte E-Bike-Touren
☐ die Mitnahme eines zusätzlichen Akkus
☐ Sonstiges:

11. Nehmen die Gäste geführte Touren an?

○ Ja, vielfach
○ Ja, einige
○ Ja, aber selten
○ Biete keine geführten Touren an
○ Nein

12. Ist es Ihren Kunden möglich ihr Fahrrad an einem anderen Ort Ihrer Region abzugeben?

○ Ja, ohne Aufpreis
○ Ja, gegen Aufpreis
○ Nein

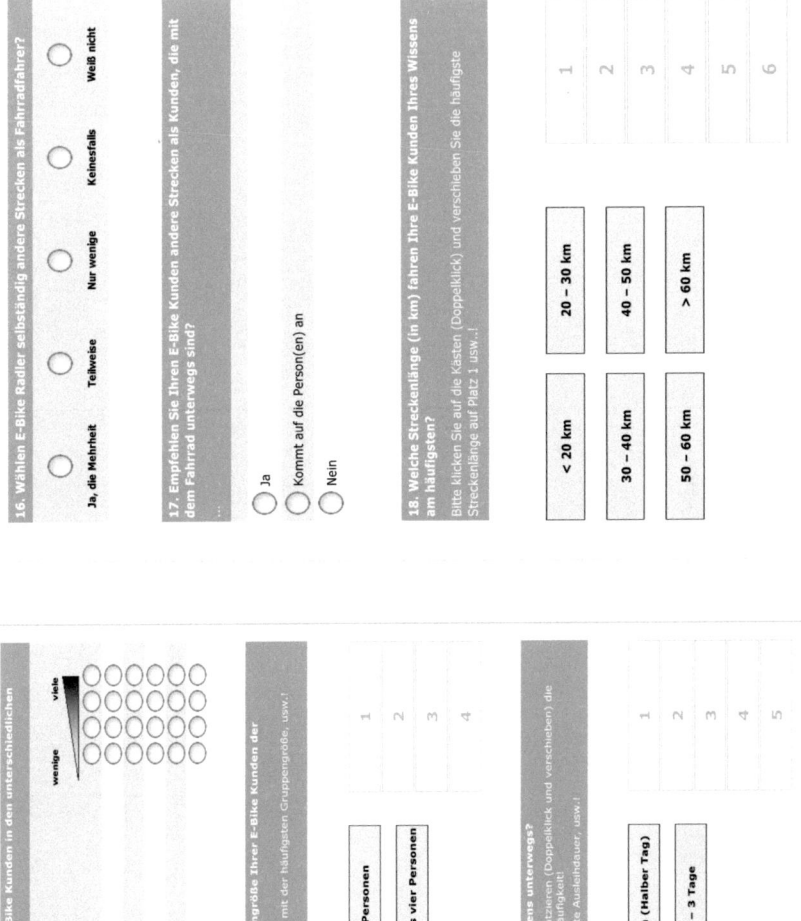

22. Wie schätzen Sie die Motive der E-Bike Nutzer ein?

Bitte klicken Sie auf die Kästen (Doppelklick) und verschieben Sie die ihrer Meinung nach häufigste Motivation auf Platz 1 usw.

Machen eigentlich (herkömmlichen) Radurlaub und probieren einmal das E-Bike aus	häufigstes Motiv
E-Bike Fahren ist eine von vielen Urlaubs-Aktivitäten	zweithäufigstes Motiv
Kommen speziell zum E-Bike fahren	dritthäufigstes Motiv

23. Wem können Sie das Ausleihen eines E-Bikes eher schmackhaft machen?

○ Erfahrenen Radtouristen, welche körperlich „nicht mehr ganz so fit" sind, aber ihrer Gewohnheit nachgehen wollen
○ Weniger Fahrrad erfahrene Touristen, welche gerne etwas Neues ausprobieren
○ Beiden gleich

24. Die Mehrheit Ihrer E-Bike Kunden ist Ihrer Meinung nach … ?

○ Ein neuer Besucher Ihrer Region
○ Ein Ihrer Region treuer Tourist
○ Beide Typen sind etwa gleich stark vertreten
○ Weiß nicht

19. Welche Streckentypen wählen Ihre E-Bike Nutzer ihres Wissens am häufigsten?

Bitte klicken Sie auf die Kästen (Doppelklick) und verschieben Sie sie auf den Ihrer Meinung nach richtigen Platz!

Entlang von Flüssen / in Tälern / Strecken mit der geringsten Steigung	Häufigster Streckentyp
Welche mit mittleren Steigungen	Zweithäufigster Streckentyp
Welche mit durchaus starken Steigungen und vielen Höhenmetern	Dritthäufigster Streckentyp

20. Legen die E-Bike Radler im Durchschnitt eine unterschiedliche Streckenlänge zurück als Fahrradfahrer?

E-Bike Radler wählen eine ……… Strecke.

○ deutlich längere   ○ etwas längere   ○ etwa gleich lange   ○ eher kürzere   ○ Weiß nicht

21. Beschweren sich Gäste über die Reichweite der Akkus?

○ Ja, viele   ○ Ja, einige   ○ Nur wenige   ○ Nein   ○ Weiß nicht

25. Würden Sie sagen, es kommen allgemein mehr Radtouristen in die Region, seit es E-Bike Angebote gibt?

○ Ja
○ Nein
○ Weiß nicht

26. Ist der E-Bike Tourismus in Ihrer Region ein Erfolgsmodell?

○ Ja, schon heute
○ Mittelfristig, ja
○ Langfristig, ja
○ Nein
○ Weiß nicht

27. Wie stark verändert die Innovation E-Bike den Radtourismus in Ihrer Region

keine Veränderung _____ starke Veränderung

28. Glauben Sie, dass Touristen speziell zum E-Biken in die Region kommen?

○ Ja, viele
○ Ja, einige
○ Kaum
○ Nein, keine
○ Weiß nicht

29. Wie wirkt sich das E-Bike auf den Radtourismus in Ihrer Region aus?
Hier können Sie die wesentlichen Veränderungen kurz auflisten.

30. Bitte geben Sie die relative topographische Lage Ihres Verleihbetriebs an!
Befindet sich ihr Verleihbetrieb ……. ?

○ auf einer Hochfläche oder einem Gipfel
○ am Hang
○ im Tal

31. Bitte beantworten Sie noch einige Fragen bezüglich Ihres Verleih-Betriebs!

Anzahl der auszuleihenden E-Bikes [Gesamtanzahl Elektroräder]?
Wie viele davon sind sogenannte E-Mountainbikes
Seit welchem Jahr verleihen Sie E-Bikes?

Vielen Dank für Ihre Teilnahme!

Ich möchte mich ganz herzlich für Ihre Mithilfe bedanken.

Ihre Teilnahme dient der Grundlagenforschung im E-Bike Tourismus! Sicherlich kann auch Ihre Region aus den Ergebnissen nützliche Schlüsse ziehen.

Wenn Sie persönlich Interesse an den Ergebnissen der Studie haben, bitte ich Sie mir eine kurze Email zu schreiben:
matthias.breuer@student.uibk.ac.at

Fenster schließen

B.Sc Matthias Breuer, Institut für Geographie, Universität Innsbruck

Anlage 6: Fragebogen für E-Bike-Urlauber

3. Wie haben Sie von dem E-Bike Angebot erfahren?
Sie können mehrere Möglichkeiten auswählen!

☐ Internet
☐ Fachzeitschrift
☐ Fahrradhändler
☐ Reisebüro
☐ Messe
☐ Freunde / Bekannte
☐ Zufällig vorort (in der Region selbst)
☐ Sonstiges
☐ weiß nicht

4. In welchen Landschaftstypen sind Sie bereits E-Bike gefahren?
Es können mehrere Antwortmöglichkeiten ausgewählt werden.

☐ Flusslandschaft
☐ Seenlandschaft
☐ Küstenlandschaft
☐ ebene Landschaft
☐ Mittelgebirge (Schwarzwald, Sauerland, etc. ...)
☐ Hochgebirge (Alpen, Pyrenäen, Hohe Tatra, etc. ...)

5. Welchen Typ von Elektrofahrrad sind Sie in im Urlaub bereits gefahren?

☐ City – E-Bike
☐ Touren – E-Bike
☐ E-Mountainbike
☐ E-Rennrad
☐ Weiß nicht

Liebe Studienteilnehmer/innen,

E-Bikes sind eine Innovation im Radtourismus. Verändert sich dadurch auch die Geographie des Radtourismus?

Im Rahmen meiner Masterarbeit untersuche ich den gegenwärtigen Wandel im Fahrradtourismus durch die Innovation E-Bike.

Ich freue mich, dass Sie mir **maximal 3 Minuten** (Nicht mehr - Versprochen!) Ihrer Zeit schenken.

Bitte machen Sie bei dieser Studie nur mit, wenn Sie im Urlaub bereits E-Bike gefahren sind!

Der Fragebogen ist selbstverständlich anonym und wird gemäß den gesetzlichen Bestimmungen des Datenschutzes streng vertraulich behandelt und nur zu wissenschaftlichen Zwecken verwendet.

Ich bedanke mich herzlich für Ihre Unterstützung!

Matthias Breuer

Weiter

1. Für welche Dauer bzw. in welchem Rahmen sind Sie bereits ein E-Bike in Ihrer Freizeit gefahren?
Sie können mehrere Antwortmöglichkeiten gleichzeitig auswählen.

☐ Schnuppertour (nur kurz getestet)
☐ geführte E-Bike Tour
☐ Halber Tag
☐ Ganzer Tag
☐ 2-3 Tage
☐ mehr als 3 Tage

2. Was war der Beweggrund für Ihre E-Bike Tour?

○ E-Bike Fahren war eine von vielen Urlaubs-Aktivitäten
○ E-Bike Fahren war die primäre Aktivität des Urlaubs
○ Hatte eine herkömmliche Radreise geplant und habe spontan ein E-Bike ausprobiert
○ Sonstiges

6. In welchen Landschaftstypen könnten Sie sich grundsätzlich vorstellen E-Bike zu fahren?
Es können mehrere Antwortmöglichkeiten ausgewählt werden.

- [ ] Flusslandschaft
- [ ] Seenlandschaft
- [ ] Küstenlandschaft
- [ ] ebene Landschaft
- [ ] Mittelgebirge (Schwarzwald, Sauerland, etc. ...)
- [ ] Hochgebirge (Alpen, Pyrenäen, Hohe Tatra, etc. ...)
- [ ] ich möchte kein E-Bike mehr fahren

7. In welchen Landschaftstypen könnten Sie sich eine mehrtägige Reise mit der Hauptaktivität E-Bike Fahren vorstellen?
Es können mehrere Antwortmöglichkeiten ausgewählt werden.

- [ ] Flusslandschaft
- [ ] Seenlandschaft
- [ ] Küstenlandschaft
- [ ] ebene Landschaft
- [ ] Mittelgebirge (Schwarzwald, Sauerland, etc. ...)
- [ ] Hochgebirge (Alpen, Pyrenäen, Hohe Tatra, etc. ...)
- [ ] Eine reine E-Bike Reise kommt für mich nicht in Frage

8. In welchem Landschaftstyp haben Sie Ihre nächste E-Bike Reise geplant?

- ( ) Seenlandschaft
- ( ) Küstenlandschaft
- ( ) Flusslandschaft
- ( ) ebene Landschaft
- ( ) Mittelgebirge (Schwarzwald, Sauerland, etc. ...)
- ( ) Hochgebirge (Alpen, Pyrenäen, Hohe Tatra, etc. ...)
- ( ) Ich habe bisher keinen weiteren E-Bike Reise geplant

9. Welche E-Bike Infrastruktur bietet diese Region?

- [ ] E-Bike Verleih
- [ ] Akku-Ladestationen
- [ ] Akku-Wechselstationen
- [ ] spezielle E-Bike Routen
- [ ] keinerlei Infrastruktur
- [ ] Weiß nicht
- [ ] Sonstiges

Vielen Dank für Ihre Teilnahme!

Ich möchte mich ganz herzlich für Ihre Mithilfe bedanken.

Ihre Teilnahme dient der Grundlagenforschung im E-Bike Tourismus! Sicherlich kann auch Ihre Region aus den Ergebnissen nützliche Schlüsse ziehen.

Wenn Sie persönlich Interesse an den Ergebnissen der Studie haben, bitte ich Sie mir eine kurze Email zu schreiben:

matthias.breuer@student.uibk.ac.at

Fenster schließen

B. Sc. Matthias Breuer, Institut für Geographie, Universität Innsbruck

Wenn beim Nutzerfragebogen die letzte Antwortmöglichkeit in Frage 6 („ich möchte kein E-Bike mehr fahren"), Frage 7 („Eine reine E-Bike Reise kommt für mich nicht in Frage") oder in Frage 8 („Ich habe bisher keinen weiteren E-Bike Reise geplant") angekreuzt wurde, sprang der Onlinefragebogen direkt auf die letzte Seite (10).

Anlage 7: E-Bike-Routen in der Dachstein-Region *(siehe letzte Seite)*